唐拔博士的狗狗訓練完全指南

唐拔博士（Dr. Ian Dunbar）——著
聞若婷 ——譯

一場真實的對話

博士：唐拔博士
奧馬哈：唐拔博士的阿拉斯加雪橇犬奧馬哈米格魯

博士：「狗狗為什麼會不乖呢？」
奧馬哈：「誰說我們不乖？我們狗狗自認為是模範生耶。」
博士：「是喔，我們人類倒覺得狗狗不太乖。講得明確一點好了，請問你：狗狗為什麼會追來追去、啃咬、挖掘、咆哮、空咬、吠叫和咬人？」
奧馬哈：「我猜主要是因為……我們是狗。要是我們會飛、玩填字遊戲、把骨頭冰在冰箱、哞哞叫又喵喵叫，還會請律師來告我們的死對頭，你應該會有點訝異吧？」

唐拔博士與奧馬哈。

博士：「好啦，好啦！就算你說得對好了，狗狗的各種行為都很正常，是自然界裡犬科行為的必要元素，那應該是說，這些行為本身並沒有什麼不對，但不太適合放在居家環境中。」

奧馬哈：「這個嘛，你這樣講可以說沒錯也可以說有錯——我猜要看你用誰的觀點來看吧。我們狗狗根本不覺得自己的行為有任何不對啊！給你舉個反面例子：我有個約克夏犬朋友覺得長毛地毯是頂級的居家廁所發明，整棟房屋裡就數它最適合拿來尿尿了。還有傑克羅素㹴犬也開心地說，新種的花圃在牠看來是理想的挖土樂園，因為牠在家裡住了很多年，腳掌肉墊都變得柔軟而脆弱了。」

博士：「不知道我這樣說對不對，你的意思是說，狗狗的行為完全正常和自然……」

奧馬哈：「並且必要！」

博士：「在野外……」

奧馬哈：「和居家環境！」

博士：「……和居家環境裡。」

奧馬哈：「所以責任在飼主身上，飼主應該為我們必要的狗狗行為設想雙方都能接受的適當發洩管道，並且明確告訴我們，否則……」

博士：「否則怎樣？」

奧馬哈：「……否則我們就只能在得想辦法打發時間時即興發揮了。」

博士：「而且你們絕對會犯錯，對吧？」

奧馬哈：「對！然後我們就會為了違反規定而被處罰，可是我們連規定是什麼都不知道。」

博士：「這也太不公平了吧。」

奧馬哈：「至少我們絕對不開心。」（雪橇犬一向以辛辣的反諷出名。）

博士：「嗯！你們有沒有試過跟飼主溝通，說你們沒發現自己做錯事了？」

奧馬哈：「當然有啊，每次他們回家的時候都有溝通。」

博士：「結果如何？」

奧馬哈：「我們衝去門口迎接他們的時候，就被處罰了。」

博士：「也許他們不喜歡你們太熱情地咬屁股、撲跳在身上、舔人，你們為什麼不坐下來……」

奧馬哈：「這是個好主意耶！我從來沒想過……不過我們還是小狗的時候，他們超愛我們用活潑的肢體動作表現親暱。」

博士：「我剛才想說的是，你們為什麼不坐下來和飼主把話談開？」

奧馬哈：「噢，他們從來不想聽。每次我們坐下來，他們只會說：隨行、坐下、隨行、坐下……兜了幾個圈子後，我們又回到原點。實在太沒意義了。」

博士：「你們試過對飼主施展苦肉計嗎？」

奧馬哈：「經常在試啊，可是我們每次表現諂媚只會換來更慘的下場，因為他們會認為我們是故意不乖的，然後就處罰得更重。」

博士：「那你們都不會生氣嗎？」

奧馬哈：「我們如果敢生氣，就會被他們宰了。」

博士：「太可怕了！我能怎麼幫助你們這些寵物狗走出困境呢？」

奧馬哈：「這個嘛，首先你可以考慮出一本書。」

博士：「我接受你的建議！」

目次

PART 1

寫在前面的重要概念 17

性情訓練篇

PART 2

行為矯正篇

PART 3

服從訓練篇

PART 4

訓練理論篇

PART 5

生理健康篇

關於這本書

這本書最初是一本幼犬訓練指南，是「天狼星幼犬訓練課程」的講義，與我們的「天狼星教學影片」搭配使用，教幼犬「過來、坐下、隨行、站立、趴下、維持」等口令，換言之：教新狗學會老把戲。

幼犬是剛來到這個世界的新成員，年紀小得不知天高地厚，又脆弱得不適合嚴厲對待，而教幼犬的技巧也同樣適合用來教剛來到你身邊的成犬，或是從未接觸過訓練課程的成犬。事實上，本書含括的原則亦適用於以下情況：教家中原有的愛犬學會新把戲和老把戲、重新訓練已經養成惡習的成犬、教導訓練完善的成犬學會更多指令。要是你家原本就有隻老狗，你無論如何都要讓老頑固和新來的幼犬一起受訓。「誘導獎勵訓練」很適合活潑的小型犬，因為引導牠們配合動作的難度很高；也很適合壯碩的大型犬，因為基本上你不可能引導甚至強迫牠們配合動作。

可以教老狗新把戲！十一歲的艾胥比在上第一堂課。

什麼是「誘導獎勵訓練」？

不用牽繩的「誘導獎勵訓練」幾乎不需飼主觸碰狗狗，除非狗狗作出正確回應。我們的目標在於，人類的手主要是用在狗狗做得對的時候，給予狗狗撫摸與獎勵，而不是在狗狗做得不對的時候，用動作去矯正、推拉、擺弄狗狗。這樣一來，狗狗很快就會對飼主和訓練產生正面感受。

有鑒於此，「誘導獎勵訓練」也最適合用來訓練已有性情問題的狗狗，例如很怕人或攻擊性強的狗。光是靠近一隻害羞的狗、向牠伸出手，就足以讓牠更加害怕而跑去躲起來，更別說還要強押著牠做這做那的。至於攻擊性強的狗，也同樣討厭被人類推著走，甚至可能反過來讓訓練者跑去躲起來！

無獨有偶，這樣的訓練邏輯還有其他變化版本，在世界各地用來訓練灰熊、殺人鯨、猛禽、大貓（獅子與老虎）、大學實驗鼠、大學生、員工、老闆、孩子和老公。你可以試試威嚇老虎、對美洲獅動手動腳、強逼獅子坐得抬頭挺胸、拍打套著牽繩的灰熊，你很快就會改變對「訓練」的刻板印象了。

「誘導獎勵訓練」適用於以下情況——

- 教幼犬學會基本口令
- 教剛來到你身邊的成犬
- 教家中原有的愛犬新口令
- 重新訓練已經養成惡習的成犬
- 教導好動的小型犬或壯碩的大型犬
- 訓練害羞怕人或攻擊性強的狗狗
- 教導擁有良好訓練的成犬學會更多指令

天狼星的故事

天狼星當然是大犬座中的星星，也就是天空中最亮的那顆星——狗狗的守護星。天狼星同時也是我在一九八〇年設計的幼犬訓練計畫名稱。「天狼星」是第一個專為幼犬設計的訓練計畫，旨在不用牽繩訓練幼犬的行為、性情和居家服從。

「天狼星幼犬訓練計畫」的命名由來其實是一隻名叫天狼星的米格魯，牠是隻出生於七〇年代的狗。這隻小狗非常乖張、好鬥，牠的母親齊爾妲也是狠角色，甚至不肯和親生子女共享食物。天狼星的童年時光籠罩在「不想辦法做就給我閉嘴」的氛圍中，而牠也把這種思維施加在三隻同胎手足身上，牠們全是母的，而牠始終像惡霸一樣欺負牠們。不難理解，不久後天狼星就發展出了狂妄自大的性格。

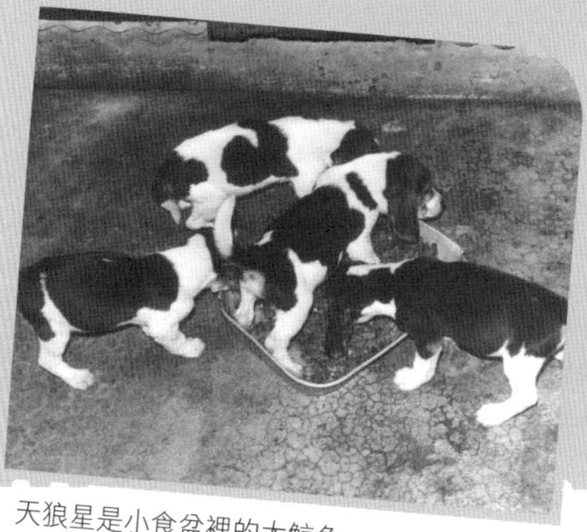

天狼星是小食盆裡的大鯨魚。

天狼星僅十周大的某一天，齊爾妲和牠的子女一起被移到一座戶外犬舍去，同住的還有另外兩隻年齡較大的幼犬和十二隻成犬。儘管天狼星是一隻壯得像麋鹿的小狗（牠長大後是密西西比以西體型最大的米格魯），但牠的狗生地位還是有了劇烈轉變：從小池塘裡的大鯨魚變成大池塘裡的小蝦米。天狼星很愚蠢地想藐視「犬界階級規範」之『母狗第一修正案』：「我有，你沒有。」天狼星想搶走咪咪的狗碗，而咪咪雖然只比天狼星虛長了幾周，但在體型和智慧上都遠勝天狼星，於是牠很有效地幫天狼星的男子氣概做了個「切除手術」。幾乎就在一夕之間，天狼星從一隻愛咆哮、愛逞威風、愛欺凌弱小的大混蛋，變成一隻諂媚、恭順、沒骨氣的大混蛋。我非常訝異，竟然可以用相對來說十分簡單的社交控制，對狗狗的行為與基本性情達到如此巨大的改變成效。從那時候

五〇年代，我爸用誘導獎勵的方式訓練他的史賓格獵犬。

起我就明白，調整寵物狗的性情有多麼重要。

我離開學院之後，和我的一九六五年產福特野馬汽車「大紅」開遍全美四十八州（包括內布拉斯加），然後返回加州找工作。我對工作的要求是有變化、值得投入並與動物有關，最重要的是要好玩。那時我剛剛買下一隻雪橇犬幼犬——圖騰托克系譜的奧馬哈米格魯，我幾乎問遍了北加州所有狗狗訓練師，卻沒人願意在牠六個月之前收牠當學生。好吧！「天狼星幼犬訓練計畫」上場！這是奧馬哈的專屬課程。用誘導獎勵取代牽繩的幼犬訓練法並不是什麼新潮概念，事實上，它年代久遠到又變成創新了！我小時候就是這樣訓練狗的。

「天狼星幼犬訓練計畫」的課程最初在奧克蘭的防止虐待動物協會（SPCA）展開，一九八一年移至加州柏克萊的活橡公園，一直延續至今。目前在北加州、夏威夷和曼哈頓等地都有開設「天狼星」課程。除此之外，還有許多訓練師上過課後，以各有不同的方式修改我們的技巧，因此現在全美各地及海外均有類似課程。

寫在前面的重要概念

此時此刻就跟幼犬期一樣重要

幼犬期無疑是狗狗一生中最重要的階段——在這段期間裡，所有的經歷都是新鮮的，對於形塑這隻狗的未來性情會發揮最大也最持久的影響力。因此若想掌控一隻狗的行為發展，幼犬期是理想的時間點。比起嘗試革除壞習慣，打從一開始就教狗狗好習慣並預防性情問題，要容易得**太多**了。

如果說狗狗一生中第一重要的時機是幼犬期，第二重要的時機就是此時此刻！不論過去發生過什麼好事壞事，那都是歷史了。要是你的狗狗沒在幼犬期把握先機接受訓練和社會化，那真的很可惜，但木已成舟，再怎麼懊惱也無濟於事。你必須**現在**就訓練你的狗、幫助牠社會化！方法都是一樣的，只是要花更長時間才能有成效。

狗改不了吃屎。也許有些人很難相信，但假如幼犬沒接受適當的指導，牠們就是會長成愛吃屎的成犬。此外，很多人也會錯愕地發現，愛犬從幼犬期進入青春期的速度竟如此驚人。才不過三、四個月的時間，那隻毛茸茸、傻乎乎的可愛小狗，已經變身成力量超大又好動的半成犬，而且體型也和成犬不相上下。不用懷疑，不受控制的半成犬是你能想像得到最惡劣的室友。唯一密技就是從**現在**開始訓練！

你如果期望每隻狗狗長大以後都自然而然像「靈犬萊西」一樣乖巧，未免太不切實際。事實上，「萊西」是由好幾隻訓練精良的狗共同演出的。如果你心裡早有定見，希望你的狗成年以後該有什麼樣的表現、遵守什麼樣的規矩，那麼絕對要讓你的狗知道這些規矩是什麼。否則的話，你的愛犬勢必會違反牠根本不知道的規矩，也會為無可避免的「犯錯」受到責罰。

從一開始就明確指導狗狗遵守你的規矩

好好教你的狗。打從一開始就要明確指導牠你偏好的行為模式，並且在牠達成時大大獎勵牠，壓根兒不要考慮在狗狗做錯事時懲罰牠。了解狗的本性，並提供牠必要的引導，這樣狗狗和你之間就會發展出最圓滿的關係。性情良好又守規矩的狗是人類最美好的伴侶；但換作一隻長期品行不端或脾氣暴躁的狗，就可能成為家人、朋友、鄰居，以及任何有機會和牠接觸的人眼中持續的夢魘，尤其是對獸醫或美容師而言。不過，這種噩夢通常不會持續太久，因為一般而言，有行為和性情問題的狗壽命都不長。會咬人、打架和破壞居家環境的狗，飼主通常養不久。對於這樣的狗來說，缺乏訓練往往意謂大災難，即使是亂咬東西或在家裡大小便這類單純且常見的行為問題，都可能成為壓垮飼主的最後一根稻草。

幼犬若是缺乏人類適當的指導，長大為半成犬及成犬時，便會發展出各種潛在問題。這些問題並不神祕，甚至可以說完全在意料之中。這些能夠預期的問題分為三大類（分別於本書第一章到第三章詳述）：

- **性情問題**：攻擊性強；會咬人；會怕人；愛跟狗打架；會怕狗；過動。
- **行為問題**：在家裡大小便；亂咬東西；亂挖東西；亂吠；愛撲人。
- **服從問題**：扯牽繩；亂跑且叫也叫不回來。

以現實情況來說，在狗狗一生中任何階段都可能完成各種服從訓練。只是趁狗狗還小時進行訓練，會比較容易也比較快速，而且雖然訓練任何年齡的狗狗都有一定的樂趣，不過訓練幼犬還是最有意思的。然而，我們也別一廂情願

了解狗狗的本性，並提供牠必要的引導，狗狗和你之間就會發展出最圓滿的關係。性情良好又守規矩的狗，會是人類最美好的伴侶。

期待沒繫牽繩的小狗狗熱情回應我們的要求和手勢，以免忘記服從訓練在我們的訓練裡只是第三目標，性情訓練和行為矯正才是更重要的。

同樣的，成犬的行為問題也可能修正過來，不過狗狗年齡愈大，修正成功的難度也愈高。一旦問題根深柢固成了習慣，就必須先破除舊的壞習慣，才能教狗狗新的好習慣。如果能從一開始直接教狗狗培養好習慣，自然事半功倍。

不過性情問題呢，**一定**要從幼犬期便加以預防。

第一類：性情問題（性情訓練）

性情問題必須放在啟發的背景下探討，性情訓練則必須在幼犬期完成，拖延這項工作可說愚不可及。要解決成犬的性情問題，譬如咬人、打架和怕人，是非常費時、困難且經常有危險性的事，更別說一般飼主通常沒有這樣的心力和專業。

相對來說，預防措施簡單、有效、幾乎不用花力氣，甚至還讓人樂在其中。舉凡幼犬訓練課程或社會化訓練，待辦事項的首要之務一定都是性情訓練——為幼犬提供教育環境，學習社交技巧並發展自信與社交領悟力，能友善地和其他狗狗以及人類互動。此階段的關鍵祕訣就在預防性介入。

每隻狗狗或多或少都要調整性情，好符合各別飼主的生活模式。每隻狗狗都是獨一無二的，有些狗狗缺乏自信，有些狗狗蠻橫囂張；有些狗狗懶洋洋不愛動，有些狗狗根本是過動兒；有些狗狗害羞、內斂、冷淡、自我中心、不愛社交，有些狗狗卻友善過頭、橫衝直撞。

對於幼犬來說，要發展居家生活必備的健全性情和完整性格，最重要的條件就是社會化和玩耍。說更明確點，你必須讓小狗和其他大狗小狗一起玩，並且和各種類型的人類有愉快而正面的互動，尤其是小孩子和男人。

每隻狗狗都是獨一無二的，也或多或少都要調整性情，才能符合每位飼主的生活模式。

小時候玩得夠，就是最好的社會化訓練

幼犬的嬉耍活動讓小狗狗學會狗界個體行為的適當表現方式。社會化不足的狗狗在社交互動時會缺乏自信，表現出來的行為則是躲躲藏藏和作勢咬人，不然就是逞兇鬥狠地咆哮嗥叫——一種完全不必要又充滿壓力的生活態度。

假使你給這些小狗狗充分機會和其他大狗小狗玩耍，絕大多數潛在於狗與狗之間的問題都會在無形中消失。幼犬會自我訓練，變得友善又外向，而社會化的狗狗遇到其他狗，寧可和對方玩也不想打架或躲起來。不過對於幼犬來說，確實需要相當程度的人類指導，才能預防牠們對人類發展出畏懼和兇暴的態度。

絕對必要的「不准咬人」訓練

每一隻狗都有潛在的咬人習性，因此**每一隻**狗都必須**被訓練**不准咬人。拜託你千萬、絕對別忘記這一點。此外，要是訓練中規定要用食物誘導或獎勵，這是為了預防性情問題的基本措施。狗狗若是在愉快的情況下接觸許多人，尤其是小孩子（例如在幼犬課上或小狗派對裡），牠們就會習慣與陌生人和小孩子相處，且樂於與人類互動。喜歡人類的狗狗比較不會感覺需要咬人。

你一定要學會如何禁止狗狗的咬人行為：第一步是抑制嘴勁（直到消除所有力道，使牠只是輕輕空咬），第二步則是降低空咬的頻率。此外，你也必須訓練狗狗對有潛在威脅的狀況減敏，例如當牠們待在珍貴物品（例如狗碗、骨頭和玩具）周圍時；與陌生人或小孩子相處時；遇到友善（但非牠所願）的撫摸和摟抱時；遇到令牠討厭的（疼痛的）動作和束縛時。

咬人是非常危險的問題，因此我們使用的是三叉式、多種干預的方式，以達成以下重點：

● 抑制狗狗咬人的力道

每一隻狗都有潛在的咬人習性，因此每一隻狗都必須被訓練不准咬人。千萬、絕對別忘記這一點。

- 減少狗狗空咬／咬人的頻率
- 使狗狗對所有可預見的潛在刺激減敏

防咬練習非常非常重要，因為出現突發狀況的機會不勝枚舉，而我們並沒有辦法為狗狗做好準備，讓牠們面對各種狀況都不動如山。舉例來說，要是有個想當蝙蝠俠的孩子撲到狗狗胸前，或是有人關車門時夾到狗狗的尾巴，原本遇到這種時候會想咬人的狗狗，只要接受過良好的防咬訓練，就能將傷害降到最低，甚至完全不造成傷害。

第二類：行為問題（行為矯正）

行為問題要防患於未然，愈早矯正狗狗的行為愈好，別讓潛在或初階問題有機會壯大。狗狗若是沒有接收到充足的指示（即行為矯正），就等於獲准無拘無束地找樂子。這些不當行為還會進一步成為狗狗日常生活不可或缺的一部分，也就是說，牠們會習慣成自然，養成壞習慣！然而，你勢必無法接受狗狗的隨興行為，因此會針對狗狗破壞規矩而責罰牠，但狗狗根本不知道有什麼規矩必須遵守。

狗狗不乖有兩個原因：一、牠們只是狗有狗樣。二、你允許或不自覺鼓勵牠們以人類不接受的方式展現犬類基本天性。很多人根本沒發現他們的狗狗行為出了問題；有些人或許發現有問題，卻不處理；還有些人無意間強化了狗狗的問題行為；更有些人看似訓練狗狗，結果只是惡化已經有的問題，甚至引發新的問題，「治療」本身就是病因的例子實在太多了！

事實上，大多數令人困擾的問題行為都是正常的犬類行為——對狗狗來說，就只是想適應人類居家環境的表現罷了。狗狗的行為本身很正常，但表現方式讓你不滿意：可能是不適當的時機、不適當的地點，或不適當的對象。既然是你把狗狗置於封閉、缺乏社交複雜度的非犬類正常環境裡，也是你（而不是狗狗）認為狗狗的自然行為不恰當，那麼或許也該是你要負責提供狗狗適當可行的替代方案，讓牠們展現基本天性。至少，你應該有所妥協，針對狗狗在

狗狗大多數令人困擾的問題行為都是正常的犬類行為，只是表現方式讓你不滿意而已：可能是不適當的時機、不適當的地點，或不適當的對象。

城市和郊區等地的行為，擬定人狗雙方都可接受的合約。

你要教狗狗在家裡有什麼做法能取代正常的狗狗行為。也就是說，你要教牠什麼東西可以啃，哪裡可以大小便，哪裡可以挖土，什麼時候可以吠叫，什麼時候可以盡情跳高，什麼時候可以當過動兒。

舉個例子，每次狗狗在屋外大小便，你就給牠獎賞，狗狗很快就能學到，只要飼主在場，牠的大小便都能換來零食。這樣一來，你在場的時候，狗狗就樂於到廁所區去大小便，換言之，狗狗加入我們的團隊了。狗狗偶爾可能還是會有失誤，但是基本上，潛在的居家行為問題已經被消滅了。

第三類：服從問題（服從訓練）

服從訓練是你與狗狗溝通的必要工作，說得明確一點，就是要能控制狗狗的姿勢、待的位置和做的動作。某些功能性服從訓練對每隻狗都是必要的，不管牠們過的是怎樣的生活。

服從訓練不該枯燥乏味，而且正好相反，它對你和你的狗而言都可以是、也應該是很好玩的事情。死板、持久、重複的演練，數不清次數的糾正和永無止境的又推又拉都已經走入歷史了，那是少數沒有弄懂的人留下的遺物，他們愚蠢地擁護以權力壓制權利、用蠻力取代腦力的政策。事

你要教狗狗該用什麼適當方案取代正常的狗界行為，例如該在哪裡上廁所！

「好玩」是訓練永遠不變的首要條件。練習也不該費時。

實上，只要你在教狗狗的過程中，有任何時刻你或你的狗不覺得樂在其中，那你一定有什麼地方做得不對，該採用B計畫了！你可以把訓練狗狗想成在打男女混雙制的網球比賽，雖然要遵守複雜而精確的規則，卻依然很好玩。當然，你必須努力練習才能打得出色，但是「好玩」應該是永遠不變的首要條件。

練習也不該是費時的事。當然，你花的時間愈長，你愈會覺得和狗狗一起生活很愉快，你的狗也愈會覺得和你一起生活很愉快。只要有效運用我們理應比狗狗優越的認知能力，那麼誘導獎勵訓練應該十分簡易、有效、迅速。你若是成功地將訓練融入日常生活中，甚至可能在進行日常活動的同時訓練狗狗，在本質上不動到原有的生活型態。同樣的，把訓練融入狗狗的日常生活中，可以讓狗狗更可靠、更樂意順從你的指令。

服從訓練的最佳方式：誘導獎勵訓練

一般人常認為，訓練的意義在教導狗狗聽懂指令，這樣講也沒錯，但這只是第一步。有效的訓練包含三個階段：

階段一：教導用作指令的字句
階段二：教導指令與執行動作的關聯性
階段三：要求狗狗作出回應

運用誘導獎勵訓練，可以快速又簡單地教會狗狗指令的意義。狗狗一旦掌握指令的意義，就很少需要強迫狗狗回應了，因為牠會可靠而樂意地順從你的指令。因此就目前而言，訓練最重要的是階段二：教導指令與執行動作的關聯性，換言之，就是教狗狗想要順從。

狗狗聽得懂我們的要求，並不表示牠就一定會乖乖照做。狗狗經常難以理解我們下的指令之間有什麼關聯性，偶爾我們的指令還會違背狗狗的心意。舉個例子，要是我們要求狗狗反覆地「坐下」和「趴下」，聰明的獵犬可能會

狗狗聽得懂我們的要求，並不表示牠一定會乖乖照做。訓練成功的祕訣是：向狗狗證明，我們要求牠做的事是個好主意。

想：「拿定主意吧，你到底是要我坐下還是趴下？」你可以試試要求某個人一再站起和坐下，看那人願意配合多久。狗狗和人沒什麼不同，牠可能知道我們的意思，但實在看不出意義何在，尤其是當牠寧可做別的事的時候，像是聞草地、和其他狗玩或是把松鼠追上樹。狗狗不想順從，是因為牠覺得訓練和樂趣是互斥的。

綜合訓練是解決上述困難的妙方，使用生活中的獎賞進行頻繁而耗時極短的訓練。要求狗狗坐下之後，就放牠去聞草地、在公園裡奔跑或是和其他狗玩，牠就能迅速掌握關聯性；牠會理解「坐下」這個詞的真正意義：「我懂了啦！你的意思是只要我坐下，你就會拿掉牽繩，讓我在公園裡亂跑。」「在公園裡亂跑」、「和別的狗玩」，以及其他在訓練中讓狗狗分心的事物，都可以轉為獎賞，搖身一變成為輔助訓練的事物。舉一反三，你也可以讓狗狗「坐下換晚餐」，坐下之後讓牠跳進你懷裡，坐下之後讓牠做任何愉快的事，那些事也都將成為一流的生活化獎賞。在很短的時間內，狗狗的服從回應就會轉為自動自發，因為狗狗想要完成我們的要求。

訓練狗狗的成功祕訣，就在向狗狗證明「坐下」（舉例而言）是個好主意——狗狗認知中的好主意。就某個角度來說，我們等於要說服狗狗：是牠在訓練我們。狗狗的「回應」（坐下）現在成了狗狗「要求」我們作出適當回應，也就是讓狗狗去做牠想做的事。比如說，狗狗一坐下，你就順從地打開門、送上晚餐。

寵物狗訓練九大重點

本書著重於訓練真正的寵物狗，因此主要關注的重點在發展狗狗的行為和性情。再多的服從訓練都無法彌補難搞的性情，性情訓練和行為矯正絕對是最重要的。

此外，我們選出來的服從練習偏重適於「居家生活」的實用性。相較於許多訓犬書和課程僅僅包含參加服從測驗的競賽犬必須熟習的練習項目，本書著重說明的練習，都是對與狗狗一起生活有益或重要的。舉例來說，我們先教在家裡需要的無牽繩牽制，然後才教在街上需要的繫繩牽制；我們先教無牽繩跟隨和繫繩散步，然後才教更精確的繫繩隨行；我們先教「靜下來、安靜」（以任何狗狗舒適的姿勢安靜地待在你指定地點），然後才教各種坐下──維持、站立──維持、趴下──維持或仰躺──維持。

寵物狗訓練和競賽訓練的目標不同，但二者並不是互斥的概念，相反地，它們相輔相成。無所不包的寵物狗訓練絕對有助提升表演競賽項目所需的自信和可靠。記住，性情狡猾的工作犬沒有任何價值。同樣的，競賽訓練可以顯著改善狗狗的精確度與活力，我強力建議每隻狗狗都作競賽訓練的練習，那是很有樂趣的事。

我已經盡力言簡意賅，但要寫的事實在太多了，所以我摘列出九大重點：

一、現在就開始訓練

第一印象就是會刻在腦中的印象，盡快建立居家生活的狀態非常重要。不要拖延，今天就開始訓練。翻到訓練的章節，直接試試看！看看你和你家狗狗在十分鐘的課程中可以達到怎樣的進度，然後好好讚賞你自己和狗狗，再坐下來把書讀完。

二、為人類舉辦小狗派對

第一印象對狗狗的性格發展格外重要，你應該讓幼犬接觸、熟悉所有牠長大後可能會遇到的事物：陌生的狀況、巨大的聲響、突然的動作，以及特別重要的——人群。你也要積極訓練你家的成犬，不但能容忍與家人、朋友和陌生人相處，更要真心喜愛與人群相處，尤其是小孩子。

狗就是狗，當牠們感受到威脅時，就可能會咬人。如果你家沒有小孩的話，拜託親戚、朋友或鄰居把小孩借給你，**現在**就開始籌備你的第一場小狗派對！每隻狗都可能咬人，但喜歡人類的狗很少會覺得必須咬人。社會化很重要，特定的碰觸和撫摸訓練、建立自信訓練和防咬訓練也都很重要。關鍵角色就是身為飼主的你，因為你可以訓練你的小狗狗長大之後不咬人。

三、為狗狗舉辦小狗派對

社會化良好的狗狗喜歡和其他狗玩勝過躲起來或打架。讓狗狗能和朋友或鄰居的狗好好相處更是一件很重要的事。等你家小狗打齊幼犬疫苗後，辦一場小狗派對或公園裡的野餐會吧，讓你生活圈裡的狗狗能互相熟悉。

四、現在就教基本規矩

教你的狗狗如何用適當方式展現基本天性，否則牠會隨興發揮，而那勢必會讓你覺得牠的行為不正確又惹人厭。你要教狗狗在哪裡大小便、什麼東西可以啃、哪裡可以挖地、什麼時候可以吠叫多長時間，還有如何向人打招呼。請

牢記在心，狗狗有無數種犯錯的可能，卻只有一種把事情做對的方式，所以你應該一開始就教牠正確的做法。現在就建立基本規矩吧，任何時候都把你那隻可愛的小狗狗當成大狗來教。

五、「靜下來」練習

每天命令狗狗「靜下來、安靜」二十次，在家及出外散步時搭配牽繩做這項練習。你若能及早為狗狗建立每天多次「安靜片刻」的慣例，就很有希望在牠長大成犬之後，終其一生始終享受有牠的相伴。否則的話，你的狗會如浪子一樣無法無天，讓你整天神經衰弱，家裡一團糟，只是貪玩的「浪子」也將過著命懸一線的生活。

六、注意力練習

要求你的狗狗過來坐下讓你摸或拍頭、玩玩具或吃零食，每天練習五十

次。想訓練出可靠聽話的狗，祕訣就在每天進行次數極多、持續極短（低於五秒鐘）的訓練，每天都要在屋內各處、院子裡和外出散步時練習。很多狗狗都發展出有如「化身博士」的性格；如果你能吸引牠們的注意力，牠們就聽話得要命，但如果你不能吸引牠們的注意力，牠們就完全不甩你！你可以著重練習「坐下」或「趴下」，當作緊急時刻吸引狗狗注意力的口令。

七、「坐下」練習

從一開始就訓練狗狗：用坐下換晚餐，用坐下換零食和玩具，用坐下換摸摸、拍拍和誇獎，用坐下換到外面去，用坐下換進屋來，用坐下換爬到你的腿上……等等。就算你教狗狗聽懂「坐下」的意義，也不代表牠就會乖乖照做。但要求狗狗坐下後讓牠做一些開心的狗事，就能增強指令的關聯性。狗狗一旦明白「坐下」的意思是：「能不能麻煩你讓我做……？」狗狗就會「想要」照你的命令坐下。記住，有許多問題都可以用「坐下」這個簡單的方式解決。

八、「坐下打招呼」練習

特別注意訓練狗狗在任何時候都「坐下打招呼」，包括在家門口和街上。若是鼓勵和獎賞狗狗跳躍，小狗有可能在長大後為同樣的動作受罰，這豈不是太不公平了嗎？等到訓練進行到後續階段，已有良好訓練基礎的狗狗就可以依照命令，在你認為適當無虞的情況下跳躍了，也就是「來抱抱吧！」

九、別讓狗狗扯牽繩

絕對、絕對別讓狗狗扯牽繩，別讓任何人帶狗狗出去散步，除非他們蹓狗時可以讓牽繩維持鬆鬆的狀態。想讓半成犬戒掉拉扯牽繩的習慣，就像想說服某人戒掉巧克力或菸癮。等到訓練進行到後續階段時，再訓練狗狗依照命令扯牽繩——比如幫你爬坡或是拉動雪地裡的雪橇。

性情訓練篇

PART 1

浪子的故事

好幾年來，「浪子」始終是隻非常可靠的狗狗，直到有一天牠突然攻擊了來家裡玩的小孩，沒有任何預警，沒有任何原因。隔天早上，浪子又狠狠攻擊了牠的飼主。很多人可能會說，浪子這麼做是想當家裡的老大，不過浪子原本並沒有兇猛的野狗習性，牠生命中絕大部分的時間都很乖巧，就只有這兩次攻擊的紀錄而已，於是牠被視為具有難以預測的攻擊性。浪子的診斷結果是自發性攻擊行為，這下子問題貼上了清楚的標籤，可以分類、歸檔，浪子的判決結果出爐：即刻處決。

飼主說……

浪子只是很普通的忠實狗狗，男女主人都不曾察覺牠有任何攻擊跡象。而且正好相反，他們都清楚記得，即使在浪子小時候，牠都沒有他們預期中會遇到的空咬或小狗愛咬人的毛病。現在回想起來，他們確實注意到某些情況會讓浪子不安，但是他們沒有放在心上，因為覺得這件事並不重要。他們注意到的情況包括：

- 浪子遇到陌生人總是很慢熟
- 浪子並不特別喜愛小孩
- 浪子有一點怕人用手接近牠
- 浪子有時候會想保護牠的食物、骨頭和玩具——這是完全可以理解的，畢竟牠是隻狗！

浪子似乎是隻穩定且相對來說算是友善的狗，至少多數時候是。牠只在特定情況下變得不安和緊張，這些情況都很容易預測，所以也很容易避免或是被忽視，直到浪子出人意料地咬了那個孩子。

女主人又驚又怕，不知道該如何是好。她把浪子鎖在地下室，然後趕緊送被咬的小孩去醫院。男女主人都很愛浪子。男主人對這隻狗感情很深，當他回到家聽說咬人事件，他幾乎不敢相信會有這種事。男主人去了地下室，浪子還是一副樂天派的老樣子，完全看不出有一絲懺悔的情緒。男主人放下他的公事包和車鑰匙，嚴厲地處罰了狗狗一頓。那天晚上，浪子被關在地下室過夜，男女主人則思考該怎麼辦。

隔天早上，男主人出門上班前去看浪子，浪子起初好像有一點畏懼和沮喪，但仍然積極且開心地回應了一連串服從指令：過來、坐下、趴下、坐下和握手。當男主人伸手想拍拍浪子的頭向牠說再見時，他同時也在口袋裡掏車鑰匙……這下慘了！浪子撲過去在他的手臂上咬了好幾口。

男女主人覺得他們沒辦法和會咬小孩的狗一起生活，而且浪子難以捉摸的情緒波動和不可預測的突發攻擊行為也讓他們極度不安。他們無奈地決定將浪子安樂死。

浪子說……

浪子的陳述與男女主人大不相同，牠在交叉詰問時聲稱：

- 事件發生前，牠在長達好幾年的期間一再向男女主人提出預警
- 牠在張嘴咬之前曾向那孩子預警
- 牠有很多、**很多**理由要咬人

浪子從幼犬期就一直想讓男女主人了解：

- 每當陌生人侵犯牠的居住空間時，牠都會非常緊張
- 牠和小孩子相處時極度不自在和恐懼
- 牠真的很不喜歡有人拎牠脖子或拽牠項圈
- 牠完全不能接受有人靠近牠的碗（想必是因為牠已經習慣單獨吃飯，因為主人們刻意把牠隔開，讓牠在屋子裡不礙事的角落進食）

浪子實在不懂，為什麼主人們就是無法回應牠迫切的警示。有時候他們不理會牠的警示，其他時候則刻意壓制牠。的確，每次浪子低吼時都會被處罰，牠判斷主人們不希望牠低吼，所以牠的警示舉動就這麼中止了。但是暗藏的問

題依然沒有解決，就像顆定時炸彈在默默倒數。不過浪子絕對警告過他們，而且警告過很多遍。再說，牠絕對有充分理由不高興。最讓牠難以理解的是，男主人下班回家後莫名其妙地攻擊牠，讓牠深怕他搞不好有自發性人類「抓狂」症候群。

真實情況是……

第一，浪子從來沒咬過陌生人，甚至連對著陌生人低吼都沒有過；不過話說回來，牠也從來沒向陌生人打過招呼，而是隔著一段距離仔細觀察陌生人幾分鐘之後，才敢小心翼翼地靠近打量。浪子和陌生人相處很不自在，因為牠始終沒有適當機會和許多人接觸。一般而言，每個人每天平均要和至少三十個人交談，但浪子多半只和三個人交流，而且全都是家人。過去三年來，浪子愈來愈不適應與人相處。

第二，浪子和女主人、男主人還有他們六歲的兒子強尼住在一起。浪子從來沒咬過強尼，很可能以後也不會咬他，不過話說回來，浪子對強尼並沒有什麼好感。這孩子對任何一隻狗來說都是煩人的小魔王，他鍥而不捨地追著浪子到處跑，戳牠、捅牠、抓牠、摟牠、爬到牠身上。浪子對強尼永無止境的挑釁行為不堪其擾，於是出聲警告制止他。男女主人卻擔心浪子變得「桀驁不馴」，一聽到牠低吼就處罰牠。浪子很快就學會在看到強尼時聯想到男女主人的惡劣舉動，而變得愈來愈緊繃、愈來愈不自在。到後來，牠光是看到強尼都感覺受到威脅。然而，強尼依然趁無人看管時找浪子玩，無意間一直騷擾狗狗，所以浪子決定採取迴避策略，盡可能躲著強尼。

第三，男女主人跟浪子在一起時，牠從來沒表現出想咬人或低吼，但是每當男主人伸手要拉牠的項圈時，牠都會微微低頭閃躲。此外，浪子的獸醫和美容師都提過，浪子在例行檢查時總是很不合作，最近更是變得很不老實，尤其是清耳朵的時候。

第四，浪子從來沒有為了保護狗碗而想咬人、低吼或做出任何激烈舉動，那是因為牠沒有機會這麼做，浪子總是單獨吃飯，而且男女主人跟所有人說當狗狗在吃東西時不要靠近牠。（雖然這種做法是好的，但最重要的還是教導浪子，當有不速之客靠近牠的碗時，牠應該做出什麼反應才對。）即使如此，細心觀察的飼主或許還是會注意到，浪子在狗碗附近會隱約忸怩作態，也曾展現對玩具和骨頭的消極保護欲。更別忘了有一回男主人還得追著浪子，把牠從床底下拖出來，從牠嘴裡硬搶下一盒已經被咬爛的面紙。

男女主人選擇採取鴕鳥心態，他們煞費苦心地找了許多理由來解釋浪子為何缺乏安全感和做出多次警告，每個委婉的說詞都在粉飾太平和自欺欺人。某一天，強尼最新一任死黨吉米放學後來家裡玩。浪子躲到起居室待著，兩個小孩在玩吉米的新玩具——一隻嘴巴會噴出火花的遙控塑膠恐龍。他們玩著玩著，這隻綠色小怪獸撞到浪子的鋁質狗碗。「啊！晚餐時間到了。」浪子心想。浪子對食物的想望克服了牠對廚房裡有小孩的反感，牠滿懷期待地奔向牠的碗，當牠跑到碗邊時，吉米正好伸手撿玩具，無意間擦碰到浪子的耳朵和項圈。浪子咬了吉米，這一口咬破了皮。

第一次攻擊的原因總共有四個

分析式醫學理論促使我們想找出單一原因來解釋浪子的行為，試圖找到一

狗狗咬人的原因通常不會只有一個，任一項刺激本身可能都不到咬人如此激烈的程度，但一旦同時發生，等於有好幾種刺激狗狗開咬的潛在因子合力施壓，就會跨過狗狗的開咬門檻。

個直接明確的起因和結果。然而，狗狗咬人的原因通常不會只有一個，至少應該說，有很多狀況和特定刺激都會使狗狗感覺不安。與陌生人（而且是個小孩）在同一個空間，而且在牠的狗碗旁邊，再加上陌生的小孩伸手碰到牠的項圈——這些刺激任一項都不足以引發浪子的攻擊，但四項合起來造成的焦慮顯然超出了浪子的承受極限，使牠覺得需要自衛。

任一項刺激本身都不到如此激烈的程度，但是一旦同時發生，等於有好幾種刺激狗狗開咬的潛在因子合力施壓，終究跨過了狗狗決定開咬與否的門檻。每當狗狗想要防衛的需求超過牠在成長過程中被禁止咬人的程度，牠就會開咬了。顯然浪子咬吉米是有原因的，事實上原因有四個。基本上，浪子屬於性情敏感的狗狗，就像湖面僅結了半英寸厚的冰，冰上又覆蓋剛降下的白雪而顯得平坦滑順，行走沒問題，但你不可以在上面蹦蹦跳跳！那會是壓垮駱駝的最後一根稻草。不曉得有多少父母、兄弟姊妹或配偶有過類似的心路歷程？

刺激開咬的潛在因子這種概念，則屬於較積極有效的理論，有助於解讀咬人個案並採取預防性干預措施。而其中一大重點就是——了解單一咬人事件背後通常有好幾個誘因，而我們應該把目標擺在讓狗狗在幼犬時就對各項誘因減敏。

第二次攻擊的原因？中性無害的鑰匙聲

浪子第二次攻擊事件解讀起來稍微複雜一點，因為其中一項刺激開咬的潛在因子是迷信暗示。浪子對於隔天早晨男主人（施罰者）又出現在地下室（施罰環境）顯露拒斥反應，但當牠明白男主人今天是好人之後，馬上就開心起來。然而，當男主人伸手想摸浪子時，牠變得有點不安，而這時出現了迷信暗示——叮噹響的鑰匙聲，可憐的浪子就失控了。

所謂的迷信，是指一般而言屬於中性無害的刺激因素，恰巧發生在大好或大壞的事件之前，這時候迷信就產生了。舉例來說，如果有個足球教練吃完雞肉三明治之後，球隊就贏了當季第一場比賽，這位教練可能就會養成習慣，在之後的每場比賽前都吃雞肉三明治。反之，原本無害的刺激因素若是發生在悲慘的事件之前，就會成為負面迷信。舉例來說，要是某人從梯子下面經過後，馬上被一籃磚塊砸到頭，這人以後很可能再也不敢從梯子下面經過了。

以浪子的個案來說，叮噹響的鑰匙聲之後發生的事，是牠此生第一次遭受的嚴厲體罰。雖然刺激因素（鑰匙聲）和事件結果（體罰）之間並沒有長久或邏輯上的因果關聯，但對狗狗來說，那次體罰的經驗實在太可怕、太討厭了，以致於即便這兩者之間的關聯只發生過一次，也足以讓浪子對鑰匙聲之後將發生的事極度焦慮。從浪子的角度來說，再被打一頓的風險不值得牠賭一把，所以牠決定先發制人，先下手為強！

沒有看出警訊，並不表示狗狗沒有示警

儘管浪子的行為看起來是不可預測的，卻不表示真是如此。浪子的攻擊行為，起因來自好幾項明確且可以預測的刺激因素，這些因素累積起來形成壓力。同樣的，儘管飼主和受害者沒有看出警訊，並不表示浪子沒有示警。浪子一再向飼主預警，表明牠在某些狀況下會感到不安，但飼主一再選擇忽視這些警訊。

此外，即使浪子知道低吼是被禁止的，牠在開咬前還是用低吼警告吉米立刻後退。這個從沒接觸過狗的六歲孩子沒有注意到浪子快速而含蓄的警告，並不能說是浪子的錯。同樣的，浪子在男主人進到地下室時也示警了，這隻狗在這兩次事件中都很努力做出適當的警告。可惜這些年來，浪子的示警習性已經一步步被人戒掉了，每次牠一低吼都會被處罰。錯誤的訓練把導火線剪得更短了。

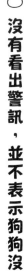

處罰：一般來說只會把事情變糟的作法

這種處罰狗狗低吼的限制行為「療法」，一般來說只是把事情變糟。狗狗低吼是因為在某些情況下感覺急躁不安，要是牠因此被處罰了，使牠感覺急躁不安的原因就會有兩個了——

- 原本那個使牠缺乏信心的原因
- 飼主／照顧者莫名其妙的侵略行為，摧毀牠僅存的信心

這下好了，我們身邊有了一隻仍然不開心卻不再示警的狗。優先順序完全搞反了，你應該先解決基本的性情問題，幫狗狗減敏，然後再訓練狗狗不要低吼。

浪子生平第一次和第二次攻擊都很嚴重，這是因為牠在幼犬期只受過少得可憐的嘴勁控制。由於牠小時候不曾亂咬亂啃飼主（或許是因為牠的個性有點內向），所以牠從來沒學過咬人是不對的，也沒學過空咬人類的時候要克制力道。此外，由於浪子是住在郊區的雅痞狗狗（關在圍牆和籬笆內），牠幾乎沒有和別的狗一起玩過，所以牠根本沒學過得克制亂咬！

性情訓練最重要的目標：幫狗狗做好準備

浪子的故事或許過於簡化了，在現實生活中，對每隻狗而言，都有至少十幾種刺激因素或狀況會讓牠神經過敏。我們應該知道哪些事讓狗不高興，這並不是什麼祕密。讓狗狗焦慮的常見刺激因素包括：小孩；陌生人（尤其是陌生男人或陌生小孩）；穿戴或攜帶異常物品的人（帽子、墨鏡、雨傘、球棒等）；舉止怪異的人；突如其來的動作和巨大聲響；有人碰牠的口鼻、耳朵、腳掌、臀部；有人限制牠的行動（或摟住牠）；待在食物、骨頭、玩具和其他珍貴物品旁。

除非經過充分減敏訓練，否則許多狗狗光是和人相處都會感到威脅，即使那些人滿懷善意。事實上，社交行為問題大多可以從眼神接觸、距離遠近和肢體接觸等方面來分析和詮釋。

每位飼主在養狗的例行工作中，最重要的目標就是讓狗狗對每項潛在刺激因素減敏。性情訓練包含兩階段式的減敏，狗狗不但要學習容忍人類與牠親近、接觸和做出各種行為，更要學習全心喜愛人類的陪伴和舉動，尤其是跟小讓狗狗焦慮的常見刺激因素有：

- 小孩
- 陌生人（尤其是陌生男人和陌生小孩）
- 穿戴或攜帶異常物品的人（帽子、墨鏡、雨傘、球棒等）
- 舉止怪異的人
- 突如其來的動作和巨大聲響
- 有人碰牠的口鼻、耳朵、腳掌、臀部
- 有人限制牠的行動（或摟住牠）
- 待在食物、骨頭、玩具和其他珍貴物品旁

孩子或陌生人相處時。為什麼？因為有朝一日，某個小孩子或許會在玩耍時無意間（或刻意）嚇到狗狗；獸醫或美容師難免會在檢查時弄痛狗狗；飼主自己或許會不小心踩到狗狗的腳或用車門夾到狗狗的尾巴。最好還是預先幫狗狗做好心理準備。

社會化練習——絕對必要

幼犬經常被人當作會動的絨毛玩具，而不是再過幾個

月就會長到幾乎和成犬一樣大的半成犬。幼犬飼主更常常無法接受他們毛茸茸的愛犬有朝一日可能會惹是生非，但飼主一定要記得自己是和一隻狗共同生活——而牠是動物。狗狗生氣的時候不會找律師或寫申訴信，牠會低吼加咬人。

一般人經常會忘記，家犬也要經過適當訓練和充分社會化之後才算徹底馴良。假如有隻狗（不管任何品種）只有部分社會化，那牠比野生動物還危險得多。野生動物對人類敬而遠之，但部分社會化的狗狗和人類共享生活空間，因此在受驚、害怕或被弄痛的時候，咬到人的機會更大。

社會化不足是狗狗害怕人類、其他狗、其他動物或環境的主因；恐懼則是狗狗對人類、其他狗或動物展現侵略性舉動的主因。害怕的狗狗通常會逃開躲起來，以避免面對讓牠害怕的刺激因素。可是如果讓牠害怕的刺激因素也是個活的東西，它就有可能緊追著狗狗不放。當狗狗遭到這類威脅又無法退讓（沒機會可逃）時，牠的最後手段就是用低吼、空咬、吠叫或真咬的方式，試著逼退入侵者。

另方面，社會化良好的狗狗寧可玩耍也不愛咬人或打架。幼犬和半成犬得藉由社會化這個啟發過程，來熟悉和適應五花八門、瞬息萬變的社交狀態和物

只有部分社會化的狗狗比野生動物還危險，因為野生動物對人敬而遠之，狗狗卻和我們共享同一生活空間，在受驚、害怕或被弄痛時，咬到人的機會比野生動物更大。

質環境。幼犬必須盡量接觸牠們長大後可能會遇到的各種事物，並且對那些事物減敏。幼犬的社交經驗愈豐富，就愈有能力在長成大狗後應付環境中的各種改變。小狗派對和小狗訓練班正是累積經驗的好方法。

請牢記：我們讓幼犬社會化是為將來作準備。

別被你家好動愛玩的小狗給騙了，只要有正常的發展和社會化環境，所有二至四個月大的幼犬都應該顯露出友善過頭和好奇心旺盛的態度，樂於接觸每個人和每件事。可是，行為與性情經常會改變，端看狗狗處於哪個發展階段，以及所處社會化環境的性質。在正常的發展情況下，狗狗四、五個月大時會開始躲避陌生人；若想維持狗狗對陌生人的接納度，就必須持續讓半成犬社會化、面對陌生人。同樣的，雖然多數幼犬喜愛小孩子，但半成犬和成犬一般而言會愈來愈提防小孩，容忍度也更低。若想保有牠們對小孩的喜愛，就必須持續進行半成犬和成犬對小孩的社會化，你必須持續教狗狗在小孩面前該如何表現，也同樣要教小孩在狗狗面前該如何表現。

八個月大是最普遍的轉變期，原本社會化良好的幼犬在這個年齡會突然很容易「受驚」，害怕巨大或奇怪聲響、怪異的事件、突如其來的動靜、陌生人，尤其害怕小孩子。請務必記住，我們讓幼犬社會化，是為了讓牠們在半成犬和成犬時期能進一步社會化，尤其是狗狗青春期非常關鍵的「受驚」時間——六個月到兩歲。

信心練習——讓狗狗習慣人的碰觸和撫摸

狗狗為什麼會怕手呢？很多人宣稱和品種有關，因為某些狗「血統不良」，不然就是說牠們在幼犬時期曾經被虐待。當然，陌生人伸手要撫摸或檢查狗狗時，狗狗低頭閃躲的原因通常是在陌生人面前缺乏安全感。然而，與其

把診斷病因局限在狗狗對「手」的反應，倒不如探討那隻手對狗狗做了什麼。

有句話是這麼說的：「狗狗的行為不會說謊。」舉個例子，要是飼主伸手要抓狗狗的項圈，而狗狗會想閃躲，那麼不需借用愛因斯坦的大腦也能想到，飼主的手抓狗狗的項圈準沒好事。那隻手要做的事或許無害，可能只是要抓牢狗狗的項圈好勾上牽繩，結束在公園裡和其他狗狗玩耍相聚的美好時光；也可能是要抓著狗狗的項圈趕牠到屋外或是地下室裡，度過一整天獨自看家的軟禁時光；更有可能的是，飼主抓住項圈是為了責罵

在訓練時用零食教導狗狗站著不動，並且喜歡被人檢查。你的獸醫會很感激的。

或處罰狗狗。

替狗狗的桀驁不馴或缺乏自信找些粉飾太平的藉口，而不試著解決問題，實在是很愚蠢的事。不管狗狗怕手的原因是什麼，我們都可以用系統化的減敏技巧來解決這個問題，更重要的是，我們知道可以用輕鬆有效的方式預防狗狗怕手，只要運用基本的建立信心練習即可。

在訓練時用零食教導狗狗站著不動，並且喜歡被人檢查。你的獸醫會很感激你。

當然，有時候抓住狗狗是迫不得已的必要行為，例如狗狗的項圈鬆脫了，或是狗狗想要衝出大門。同樣的道理，我們難保哪天不會有個小孩抓住狗狗要給牠個熱情擁抱。正因如此，每隻狗都必須練習容忍甚至徹底喜歡這些必要卻沒有惡意的驚嚇，還有可能會讓牠疼痛的抓、摸和限制活動自由。

最基本的「建立信心練習」

❶讓狗狗吃飯前，先從牠的碗裡抓一把乾飼料，給牠吃一顆。

❷往後退，等狗狗走過來時再給牠一顆。

❸輕柔地伸手抓抓狗狗耳朵後面，給牠吃第三顆。

下回練習時，你伸手的速度可以加快一點，但還是輕輕抓撓或撫摸狗狗，然後給牠吃飼料。在接下來的訓練中，你逐步加快伸手摸狗狗的速度，直到你可以迅速而輕柔地抓住狗狗。再接下來，你慢慢伸手接近狗狗，小心地揪住牠的頸背或項圈，輕輕拉扯一番，再給牠吃飼料。之後的幾回訓練中，你逐步增加抓扯的力道。要不了多久，你就能抓住狗狗頸背猛力搖晃牠，而狗狗心裡還會說：「太棒了！我的食物呢？」

讓家人和朋友與你家狗狗做同樣的練習，一旦狗狗對被人抓住有了信心，當牠在緊急情況下被抓住時，就不太可能會表現出敵意。潛在來說很嚇人的動手動腳可以變成好玩的打打鬧鬧，讓狗狗學會看到人類的手就聯想到撫摸和給食物，而不是聯想到限制行動和處罰。

嘴勁控制──寵物狗一生中重要的事

小狗愛咬人，謝天謝地！小狗愛咬人是很正常、很自然、很必須的幼犬行為。事實上，小時候不愛假咬或咬人的小狗，才是將來會出問題的狗。狗狗的防咬機制要依賴幼犬愛咬人取鬧的習性來建立，而防咬機制絕對是狗狗一生中重要的部分。

軟弱的上下顎、像針一樣尖銳的乳齒和幼犬愛咬東西的癖好，合起來造就一隻愛咬人鬧著玩的小狗。被小狗咬雖然很痛，但很少會讓人受重傷，因此這隻還在成長的小狗有機會在發展出強而有力的上下顎前，接收與咬人力道有關的重要反饋，預防未來造成嚴重傷害。幼犬有愈多機會亂咬鬧著玩，不管是咬人、咬別的狗或是咬別的動物，牠愈有機會在長大成犬後建立起防咬機制。但對那些成長過程中無緣和別的狗或別的動物經常定期互動的幼犬來說，教導牠們防咬機制的責任就落在飼主身上了。

當然，幼犬愛咬人的行為最終必須消失，我們可不能讓一隻成犬還像小狗似的，把大力咬家人、朋友或陌生人當作娛樂。不過呢，幼犬咬人行為不該一

小狗愛咬人是完全正常、自然且必須的幼犬行為。小時候不愛假咬或咬人的小狗，才是將來會出問題的狗。

下子完全消滅殆盡，否則狗狗學不會控制嘴勁。應該採取的做法是依照系統化的四階段練習，循序漸進地消除幼犬的咬人行為。對於某些狗來說，一次進行一個階段很容易，但對某些狗而言，幼犬咬人的情況實在太嚴重了，以致於飼主必須同步進行四個階段。不管怎麼說，最重要的是讓小狗先學會控制嘴勁（階段一、二），再訓練牠減少咬人的次數（階段三、四）。

「控制嘴勁練習」

階段一：不准咬痛人

待辦事項的第一項是阻止幼犬弄痛人，責罵不見得是必要的，體罰更是要避免，因為體罰一般而言有害而無益。體罰和壓制造成的效果通常只有兩種：第一，讓某些小狗變得更亢奮；第二，在不知不覺中減損幼犬對你的信任，因而損害幼犬的性情。

第一階段訓練重點在讓幼犬知道自己什麼時候弄痛人了。一句簡單的「好痛！」通常就夠了。喊「好痛」的音量應該根據狗狗的心理素質調整；對敏感的狗狗來說，輕聲細語說「好痛」就已足夠，但是對付狂野粗獷的狗狗，可能就要大叫「**好痛！**」。

第一階段訓練時，即使叫痛都可能逗得小狗更興奮，體罰、壓制或試圖把小狗關禁閉也一樣。對付精力過盛的小狗有一種極為有效的技巧，那就是叫牠「壞蛋！」，然後離開房間並關上門。只要給小狗一、兩分鐘的「暫停時間」，讓牠反省最愛的人類玩伴離開是牠的損失，然後你就回來跟牠和好。很重要的一點是你要表明你仍然愛牠，讓你不愉快的是被牠咬痛。你先示意小狗過來坐下，然後再次跟牠玩。在理想狀態下，小狗應該早在三個月大之前就學會不弄痛人。

當狗狗玩過頭不受控制的時候，絕對較好的做法是把牠單獨留在原本的空間，而不是用蠻力制止狗狗，再把牠送到另一個密閉空間。（這表示你在一開始跟狗狗玩時，就要選擇當牠行為失控時可以單獨待著的安全環境，也就是可

狗狗玩過頭不受控制時，絕對較好的做法是把牠單獨留在原本的空間，而不是用蠻力制止狗狗。

以讓狗狗久待的密閉空間。）

上述技巧對神經大條的狗狗非常有效，而這碰巧是一件好事，因為體罰某些㹴犬或工作犬品種的小狗，就和對著保齡球說教差不多。牠們的身體實在皮粗肉厚，不過牠們的心靈非常敏感（幸好！）；牠們性情可人且熱愛玩耍，因此牠們絕對受不了喪失玩伴。一群幼犬聚在一起玩耍的時候，正是以這種方式學會控制嘴勁的。要是某隻小狗太用力咬了同伴，被咬的小狗就會哀叫一聲，跑去旁邊舔傷口，遊戲中斷。咬人的小狗從此學到咬太用力會縮短愉快的玩樂時間，等到遊戲恢復後就會咬輕一點。

階段二：去除咬人的壓力

訓練的第二階段要完全消除嘴勁。雖然現在小狗「咬人」已經不會痛了，但小狗啃你啃得很開心時，你要等到牠下嘴的某一下比其他下來得重時，表現出痛得要命的反應（即使並不痛）。「好痛，你這小惡魔！輕輕的！你好壞，咬痛我了啦！」狗狗會開始思考：「老天！這些人類還真是弱不禁風耶，連貓都可以讓我咬得用力點！這些人類實在太太太敏感了，我在啃他們的細皮嫩肉時可真要很小心才行。」而我們正希望狗狗有這種想法——跟人類玩的時候要格外小心。在理想狀態下，小狗應該在四、五個月大時，空咬時不再施力。

「減少含咬次數練習」

階段三：聽到命令絕對停止含咬

等你教會狗狗輕含而非重咬之後，就可以開始減少牠的含咬次數了，方法是教牠含人可以，但聽到命令時就得停下來。為什麼？因為在你喝咖啡或接電話時，一隻二十多公斤的狗掛在手腕上扭來扭去會帶來很大的不便。

親手餵狗狗吃部分晚餐，很適合用來教導「走開！」和「去吃！」。此外，經常親手餵食有助於維持狗狗溫柔用嘴的習慣，還能增進狗狗對人類待在狗碗附近的信心。一旦你用食物教會狗狗「走開！」以後，這道命令就可以用來中止牠的含人行為了。

在狗狗輕含的時候，你說「走開！」，並且給牠食物做為獎勵，而狗狗鬆口去吃食物時，你要大力讚美牠。記住，第三階段的練習重點在訓練狗狗中止含咬，所以每次狗狗聽命停下來不咬之後，你要讓牠有機會再開始含咬。在同一回訓練中，要讓狗狗中止再開始含咬許多遍。而且因為狗狗真的很想含咬，對牠停止含咬的最好獎勵就是讓牠又能含咬。

在你決定這次的含咬活動該結束時，就說「走開！」，把狗狗帶到廚房，跟牠說「靜下來」，然後給牠一個啃咬玩具讓牠的嘴有事做。

要是狗狗聽到命令卻不肯放開你的手，你就大叫「走開！」，並且迅速抽開你的手，氣沖沖地離開房間，同時碎碎唸「真是**壞狗**！我受夠了！你滿意了吧！結束了！不玩了！再見！」，然後在牠面前把門關上。給狗狗幾分鐘獨處時間，再回去叫狗狗過來坐下，跟牠和好，可是至少幾小時之內都不陪牠玩含咬遊戲。

階段四：聽到命令之前絕不含咬

你家小狗滿五個月時，嘴巴應該要溫柔得像十四歲的拉不拉多工作犬，牠在含人時應該不會施加任何力道，而且任何一位家庭成員下命令時，牠都應該立刻停止含人。正如先前探討過的，主動自發的含咬對小狗來說很重要，偏幼犬的半成犬這麼做也是可以容許的範圍，但是對於偏成犬的半成犬和成犬而言，就是完全不恰當的行為了。要是一隻六個月大的狗狗在公園裡走到某個小孩面前，開始含咬他的手臂，不管含的力道多輕，或是狗狗的本意只是友善玩耍，都會造成一場災難。這種局面會讓孩子的父母神經過敏，也會讓被含的小孩子嚇得屁滾尿流。狗狗最晚在五個月大的時候，就應該學會絕對不能用嘴觸碰任何人的身體或衣物，除非有人命令牠這樣做。

至於要不要下令狗狗含咬人，是每個飼主自己可以決定的事。對於運氣欠佳的飼主，我建議他們在狗狗六個月大之前就教狗狗完全不再含人。個性寬容慷慨的飼主很快就會讓含咬遊戲失控，所以很多訓犬書都強烈建議不要跟狗玩打架遊戲這類活動。不過有一件事很重要，就是持續為狗狗做嘴勁控制，否則狗狗的嘴勁會開始改變，長愈大咬得愈用力。對這類飼主，我建議他們經常親

持續為狗狗做嘴勁控制，否則狗狗的嘴勁會開始改變，長愈大咬得愈用力。

手餵狗狗吃東西，並且每天幫狗狗潔牙，因為這些動作需要人把手伸進狗狗嘴裡。此外，理想情況是狗狗能和其他狗和動物玩耍，這樣就有充分機會維持嘴勁控制。

只能含手的「打架遊戲」

如果飼主有健全的常識，那麼維持狗狗輕柔用嘴的最佳方式，就是經常和狗狗玩打架遊戲。不過為了防止狗狗失控，也為了充分體會打架遊戲的諸多好處，請一定要遵守遊戲規則，也一定要教狗狗遵守遊戲規則。

打架遊戲教狗狗只能含手（手對壓力極為敏感），絕對不能含衣物，因為鞋帶、領帶、長褲和頭髮沒有神經也沒有感覺，無法在狗狗含咬得太用力、太接近皮膚時，提供必要的反饋。所以很顯然，你在跟狗玩的時候，**絕對不要**戴手套，這樣會訓練牠咬得比平常更用力！打架遊戲教

沒玩過含咬遊戲的狗狗，對於自己上下顎的力量一無所知，反而更容易造成傷害。

狗狗，無論牠有多激動，都得遵守用嘴規則。基本上，打架遊戲能教你練習控制處於興奮狀態的狗狗，在遇到現實狀況前，先在這種設計過的類似情境建立控制力非常重要。

嘴勁控制訓練兩大常見錯誤

錯誤一、優先抑制次數而非力道

許多人常犯的錯誤，是處罰狗狗使牠完全停止咬人。這樣做時，狗狗充其量不再含咬能夠有效處罰他的人，卻會把矛頭指向制不住牠的家庭成員，例如小孩。雪上加霜的是，父母經常完全不會發現小孩處於困境，因為狗狗並不敢含咬父母。最糟的結果則是，小狗完全不再含人了，於是牠對自己咬人力道的教育就這麼中斷了。平常日子也許相安無事，直到某人不小心踩到狗狗的尾巴，狗狗馬上開咬，而因為沒有做過嘴勁控制，這一口往往就咬破了皮。

錯誤二、不咬人的小狗

害羞的狗狗很少和其他狗或不熟悉的人社交或玩耍，牠們沒玩過含咬遊戲，因此對自己上下顎的力量一無所知。有個很具代表性的案例是，有隻狗在幼犬期從沒含過或咬過人，成犬之後也沒咬過人，直到某天狗狗啃骨頭的時候，有個牠不熟悉的小孩絆了一跤，剛好跌在狗狗身上。這隻狗不但咬了小孩，而且平生第一次咬人就造成很深的穿刺傷，因為牠完全沒做過嘴勁控制。對害羞的幼犬來說，社會化是至關重要的課程，社會化時機更是一大要點。幼犬必須立刻接受社會化訓練，好在十八周大之前會開始玩耍（並且咬人）。

有些品種的狗狗對飼主特別忠心耿耿，所以對其他狗和陌生人表現冷淡。有些狗只含咬家庭成員，還有些狗根本完全不含人。這樣一來，牠們從來沒機會學習控制上下顎施力。同樣的，某些品種的狗在幼犬時用嘴特別輕柔，尤其是某些獵鳥犬和拾回犬，所以牠們從沒得到自己咬人可能會痛的反饋。如果小狗不常含人或咬人，但偶爾會用力咬人，那就得趕緊處理了。這隻小狗必須學習界限，而牠們知道界限在哪的唯一方式，就是在成長過程中越界並得到適當反饋。經常和其他狗玩能培養出含咬習慣，並提供必要的反饋。

狗碗練習——陪狗狗吃飯，讓牠不再護碗

狗狗到底為什麼會覺得需要保護牠的骨頭、玩具和狗碗呢？難道真的有飼主會在咖啡店密謀偷竊狗狗的食物和寶貝嗎？既然沒有，人類待在狗狗的狗碗附近為什麼會出問題？因為狗就是狗啊！從來沒人聽說過某隻狗會跟另一隻狗說：「我可以跟你借半碗乾飼料嗎？明天再還你。」「最好是！等雪橇犬會學貓叫再說！」然而，要是能讓狗狗明白人類不想偷牠們的寶物，牠們就不會想護物了。因此解決問題的辦法是，你要讓狗狗清楚明白這一點，因為總有些時候你必須暫時從狗狗嘴邊移開食物或寶物，而且總有時候會有某個小孩、一隻狗和一根骨頭在同一時間出現在同一地點。

很多飼主都會犯一個錯：習慣給狗狗放飯後自己就離開，好讓狗狗專心吃東西，而且還特地提醒別人（尤其是小孩）不要接近正在吃飯的狗狗。這個做法雖然可能是好的、必要的，卻不足以預防狗狗發展出侵略式的護物行為。而且正好相反，讓狗狗隔離進食更會加培養出牠的護物行為。狗狗在成長過程中若始終單獨吃飯，牠就會習慣獨處的用餐環境，因此當牠受到打擾時，表現出

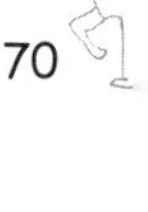

讓狗狗隔離進食，只會更加培養狗狗的護物行為。

敵意也就不足為奇，尤其是被小孩子無禮地驚嚇或是討厭地打岔時。你必須積極教導狗狗，牠進食時不但要容忍有人（特別是小孩和陌生人）待在附近活動，而且更是渴盼與歡迎有人待在牠的狗碗旁邊。

用手餵狗狗吃飼料

狗狗初到你家吃的頭幾餐，你都要待在旁邊陪牠，這樣可以為你們打下鞏固的互信基礎，而這種互信將延續許多年。如果你端著狗碗，用手餵狗狗吃乾飼料，牠很快就會對你待在狗碗附近產生正面聯想。此外，和狗狗共度餵食時間讓你有理想的機會在狗狗吃東西時，執行例行性的觸碰和撫摸練習。

狗狗從狗碗吃乾飼料的時候，你坐在旁邊陪牠，每隔一段時間就拿一份零食（比如一塊雞肉）湊過去餵狗狗吃，狗狗會想：「我很確定剛才已經搜遍整個碗了，根本沒有肉啊！這個人類怎麼能一直找到肉塊？真搞不懂啊！不過我希望他一直待在這裡！」

「失職服務生」分段式餵食法

分段式餵食也是很好用的技巧，讓你家狗狗能夠重新評估牠對人類接近狗碗的觀感。

先量好狗狗一餐要吃的量並裝在狗碗裡，再把碗放在流理台上，然後把空碗放在地上，靜觀其變。狗狗會聞聞牠的碗，抗議道：「喂！這是空的！拿吃的來。」這招「失職服務生」戲碼會讓你家狗狗「想要」你靠近狗碗。現在你拿一顆乾飼料放進碗裡，退後一步等待狗狗懇求你再上前去。

重複這個動作六遍左右，吃完好幾道「開胃菜」後，一手抓一把乾飼料放進碗裡，另一手送上美味的零食。後退一步，趁狗狗在吃乾飼料時，馬上又上前給牠另一口零食。一再重複這個動作，你家狗狗很快就會學到人類靠近表示「晚餐升級」，於是狗狗會滿心期待自己從碗裡吃飯時有人類的陪伴。

在狗狗吃完大約一半乾飼料的時候，你說聲「謝謝」並拿走牠的碗，往碗裡加幾塊美味多汁的罐頭肉。「噢！他們拿走我的碗原來是為了給我上甜點啊！」

等到你家狗狗已經完全不介意家庭成員待在牠的碗旁邊時，就該找其他人來練習了。把狗狗的晚餐分成好幾份，請幾位客人每次上菜時都刻意延遲，上演「慢吞吞服務生」戲碼。這樣一來，狗狗不但能容忍陌生人待在牠的碗旁邊，還會主動希望客人靠近牠的碗，甚至會希望陌生人趕快靠近。狗狗會這麼想：「那個人到底在磨蹭什麼啊？快點過來給我上下道菜啊！」

偶爾親手餵你家狗狗吃零食特餐，牠就會歡迎你共享用餐時光。

用食物為狗狗建立信心

你也可以用類似的方法替狗狗建立信心，不再介意人類待在其他牠珍愛的物品附近。先用牠不那麼寶貝的東西練習「走開！」、「拿去！」和「謝謝！」，然後再用狗狗的骨頭和啃咬玩具練習。

先讓狗狗看到骨頭或啃咬玩具，然後命令牠「走開！」；片刻之後，說「拿去！」並讓狗狗啃個幾分鐘骨頭或玩具；然後邊說「謝謝！」邊用手送上一塊美味多汁的肉排，另一手則拿走狗狗的骨頭或玩具。等到狗狗把肉排吞下肚之後，再把骨頭或玩具還給牠。

這套流程重複數遍之後……「人類真奇怪，他們老是在奉送一大堆美味的零食和大塊肉排耶，實在太大方了！而且我在吃肉的時候，他們還會幫忙保管骨頭，怎麼這麼貼心啊！吃完肉就把骨頭還我了！我受不了啦！人類實在做不成好狗呢。天啊，我愛死人類了！」

用手餵狗狗吃乾飼料，狗狗很快就會對「有人待在狗碗附近」產生正面聯想。

「小孩子在狗碗旁最棒」練習

讓小孩做上述狗碗練習前，得先教會你家狗狗喜歡小孩的陪伴。首先，你得坐在狗狗旁邊陪牠吃東西，並叫小孩子在房間進進出出。當小孩進房間時，你就讚美狗狗並給牠美味零食，小孩不在時你就對狗狗不理不睬。等到狗狗喜歡小孩在場，看到小孩就聯想到歡樂時光和美味零食，這時候小孩就可以餵狗狗吃東西了。

第一步先收走狗狗的碗，讓小孩呼喚狗狗，並把食物放在掌心餵狗狗吃。等到小孩能成功誘哄狗狗過來、坐下和趴下，就可以在大人嚴密監控下做狗碗練習。先叫小孩把狗狗從裝了乾飼料的狗碗旁喚過來，好餵狗狗更加美味的食物，像是火雞肉、牛排或是冷凍乾燥肝臟。叫小孩子先命令狗狗坐下才餵牠吃。等狗狗能迅速而愉快地離開狗碗，自動自發地坐在小孩面前領賞，小孩就可以在大人看管下，上前餵狗狗食物。

經過這些練習之後，你家狗狗很快能學到，只要小孩在場，接近牠、接觸牠，就代表晚餐品質要升級了。

在訓練中，唯一用上食物獎勵的時機，就是在狗狗啃玩具或骨頭，或是從狗碗吃東西時，這樣做可以徹底改變狗狗對人類的觀感，牠會學到人類的手不是來拿東西的，而是來給東西的，而且小孩子的手給的東西最棒。

說真的，在讓小孩子練習時，把你的壓箱寶全拿出來吧，不管用火雞肉、羊肉還是冷凍乾燥肝臟，只要用得上就儘管用。如果哪天你有了一些美味的剩菜或是豐富的打包菜餚，先冰入冰箱保存，等狗狗在吃飯或忙著啃玩具時，再拿出來讓小孩子餵狗狗吃。此外，記得讓小孩子經常餵狗狗吃東西（每次都要有大人看管），要不了多久，你家狗狗就會滿心歡喜期待小孩來送牠禮物了。

小狗派對——讓狗狗接觸各種人

無牽繩幼犬訓練班和小狗派對是最迅速愉快的方式，讓你家小狗在安全有序的情境下接觸各種人。這類社會化派對能有效地為小狗做心理建設，明白現實生活中不可能遇到任何比派對上更怪的事，而這些事在幼犬班裡已經是單調的例行公事。

如果小狗派對舉行的時候，你家小狗還沒打齊預防針，就要確保所有客人做好基本衛生工作（把室外鞋留在室外、摸小狗前要洗手）。每周開一、兩次小狗派對，邀請親戚、朋友和鄰居來跟你家小狗相見歡。別忘了，會檢舉你家狗狗亂叫的人通常是不友善的鄰居，但最先亂逗狗惹得牠叫的卻往往是鄰居的小孩。雖然小狗派對最主要的目的是讓小狗多見到陌生人和小孩，但也同時能讓鄰近的家庭認識你家狗狗。一般人比較不會檢舉朋友的狗亂叫，小孩子們也比較不會挑釁他們認識和喜歡的寵物。

「卡薩布蘭加模式」

事先量好你家狗狗一餐所需的量，再把這些乾飼料分裝到小塑膠袋裡，發給每位客人當作訓練狗狗時的誘餌與獎勵。今天晚上，你家狗狗要從陌生人的手裡領取晚餐！讓客人輪流給食，狗狗可以免費吃到第一口食物：「小狗狗你好啊！我是陌生人，我有食物給你喔！」我們把這稱為「卡薩布蘭加模式」——「或許是一段美好友誼的開端！」

不過，你家狗狗必須過來和坐下，才能從每個人手中領到第二顆飼料，接著要過來、坐下、趴下才能領到第三顆。指導你的朋友們如何用食物當作誘導和獎勵來

「天狼星幼犬訓練班」的教練工作室裡正在開派對。

訓練狗狗。吃到幾顆飼料之後，你家狗狗就懂得在陌生人靠近時自動坐下了。用這種方式迎接陌生人還不賴，絕對勝過跳起來迎接，也絕對勝過因為跳起來而被揍。

派對上還可以玩「傳小狗」或「扮獸醫」的遊戲。狗狗被每個人傳遞下去，每個人都先給狗狗一顆卡薩布蘭加飼料；然後看看牠一邊耳朵，給牠第二顆飼料；看看另一邊耳朵，給牠第三顆飼料；看看牠的嘴巴裡面，給牠第四顆飼料；檢查狗狗的腳掌，給牠第五顆飼料；摸摸牠的臀部，給牠最後一顆飼料，然後傳給下一個人。

在之後舉辦小狗派對時，你可以鼓勵朋友們出席時穿著奇裝異服、攜帶特殊物品或做出古怪舉動（也可能你的朋友本來就會這樣，那就當我沒說）。你家狗狗一再因為和這些奇怪又和善的人聚會而得到獎勵，於是要不了多久，陌生人就變成牠的熟人了，到後來更會晉升為好朋友。狗狗不僅學會容忍陌生人，更會享受和期盼怪人來拜訪和摸牠。這對狗狗好處多多，不管是去公園玩的時候，或是到動物醫院、寵物美容和狗展時讓一般人觸摸。事實上，狗狗在未來的現實生活中極不可能再遇到和童年時的小狗派對一樣怪的狀況了。

讓你家狗狗進行對陌生人社會化的練習時，零食獎勵占有重要地位。你家狗狗很愛你，不表示牠就一定會喜歡其他人類。同樣的，牠也可能並不享受不認識的人給牠讚美或摸牠。事實上，很多狗狗覺得陌生人給的讚美和撫摸會帶給牠輕微壓力、困擾，或根本就覺得很可怕。另一方面來說，零食可以當作有效的誘導，誘使狗狗接近一個陌生人，而一旦狗狗吃到零食當作獎勵後，牠對陌生人的好感就增加了。

男性在訓練時使用零食特別有效，因為多數男人在給小狗口頭獎勵時，語氣就像是患了痔瘡的童話故事主角「比利羊」，還是食物比較實在一點。同樣的，小孩子也可以用食物當誘導和獎勵有效控制狗狗，鼓勵小孩參加小狗派對很重要，原因正如同我們慫恿全家人一起參加訓練課程一樣：既要教育小孩，也要教育小狗。

教小孩，也教狗

每一位家庭成員都必須學會控制狗狗，包括小孩在內。即使是四、五歲的

小狗派對讓狗狗不僅學會容忍陌生人，更享受和期盼怪人來拜訪和摸牠。

小孩也能運用誘導獎勵的技巧應付各類犬種，不管是靈活的小型犬或強悍的大型犬。雖然幼犬和小孩子加在一起是讓人賞心悅目的組合，但如果換成成犬加小孩通常就會出問題了。你可以用這條簡單的規則避免悲劇：

沒有人可以不先問狗狗想不想玩，就直接接近牠或跟牠玩。

想當狗狗玩伴的人可以先叫狗狗過來和坐下，如果狗狗走過去坐下，那個人就可以開始和牠玩了。然而，如果狗狗既不過去也不坐下，那個人就絕對不可以和狗狗玩。因為那個人無法控制狗狗，很快就會讓狗狗養成許多壞習慣，而狗狗未來一定會為這些壞習慣被處罰。這樣的結果對狗狗並不公平，對你這位飼主也不公平。

上述規則對成人和小孩皆適用，也適用於男性與女性。居家訓練的主要目標之一，就是教導每個家庭成員、朋友、訪客和陌生人控制狗狗。沒有受過訓練的人，尤其是小孩和成年男性友人和親戚，有可能在一瞬間就帶壞乖巧的狗狗。

對於有小狗和小孩共同成長的家庭而言，家中的父母很能體會必須全神貫注訓練小孩在小狗面前該如何表現，以及訓練小狗在小孩子面前該如何表現。不過如果環境中沒有小孩可以當作練習對象，訓練狗狗在小孩面前該有什麼表現就困難且費力多了。

很多飼主家中都沒有小孩，雖然對某些成犬和飼主來說，這樣的環境既美好又安詳，但對小狗的發展而言卻是大災難。小狗在成長時期若缺乏和小孩愉快而頻繁地互動，長大之後便很難有能力應付與小孩的日常接觸，更別說偶爾可能遇到的不愉快且充滿壓力的互動機會了。一般而言，小孩子做的每件事，舉凡尖叫、摟抱、拉扯、戳弄、奔跑和跌倒，不是讓狗狗亢奮就是讓狗狗激憤。讓每個小孩學習在狗狗面前該如何表現很重要，讓所有狗狗學習在小孩面前該如何表現也很重要，而最佳學習時機就是幼犬期。

要是你家沒有小孩，**現在**就跟別家求情「借」個小孩來，和你家小狗做這些簡單卻至關重要的練習。這件事拖不得，即使等到你家小狗四個月大才做這練習都算很傻了，要是等到牠五個月大簡直愚蠢至極。時機最重要，一定要在潛在問題形成前就把它解決掉。當然，未經訓練的小孩子有時候真是讓人頭疼，不過這更加證明了應該趁早讓你家狗狗知道有這種「讓人頭疼的生物」存在，看看牠會有什麼反應。

「我是小孩，我有零食」練習

分發小包乾飼料給派對賓客的時候，特別留意讓孩子們的袋子裡裝著更多美味小菜，例如沾了冷凍乾燥肝臟粉末的乾飼料、小塊乳酪和肉塊。讓每個小孩子走到狗狗面前兩公尺內，然後丟一塊零食到地上。如果狗狗過去吃掉零食，你就叫那孩子退後，然後用掌心再餵牠吃一塊零食。這樣一來，你家狗狗和小孩子的第一次互動會是：「我是個小孩，這裡有零食。」

第一次見面很重要，因為第一印象深刻且持久。等所有小孩都餵狗狗吃了兩塊零食後，叫每個小孩子輪流直接走到狗狗面前再餵一塊，接著再叫每個孩子輪流走過去，邊餵狗狗零食邊摸摸牠。

現在，教孩子們如何誘導狗狗坐下。多數狗狗會立刻坐下，因為牠們在學習看手勢的時候，已經很熟悉食物誘導和獎勵的關聯了。有些狗狗甚至一看到小孩就自動坐下，這種打招呼方式對小孩來說多可愛啊，事實上誰都會覺得可愛的。而且狗狗如果坐下了，當然就不會跳起來撲人。

這是皆大歡喜的局面。小孩的心情很好，因為他們能控制狗狗，有效增強了小孩的自尊。對父母的自尊也有不錯的幫助，旁觀的父母

在拍攝電視台試播節目《幻日》的拍攝現場，傑米正在催眠托比（還是正好相反？）

小孩子做的每件事（從尖叫到奔跑），不是讓狗狗亢奮就是讓狗狗激憤，因此要教小孩在狗狗面前該如何做，也要教狗狗在小孩面前該如何做。

絕對很得意自家孩子初試啼聲便展現訓練才能。飼主則是偷偷鬆了口氣，因為家裡那隻即將成為半成犬的小狗對小孩友善又順從。狗狗更是欣喜若狂，因為牠們終於發現「坐下」就是訓練小孩的祕密指令，小孩只要接到暗示就會乖乖站好發零食！

如果狗狗依照小孩的命令過來和坐下，我們就可以確定幾件事——

第一，狗狗喜歡和小孩在一起，因為牠願意靠近；

第二，小孩子能夠用腦力而非蠻力控制狗狗；

第三，狗狗學會接受小孩的控制，因為當狗狗聽到命令時願意過來坐下，表示牠在展現順從，而且是友善的順從。

歐米加翻身

教小孩子如何使用「砰砰」指令，教狗狗翻身側躺或仰躺，也就是側躺式的「翻身—維持」，或是仰躺休息。等狗狗躺下後，小孩子可以餵牠一塊零食和撫摸牠的肚子，或是抓抓牠的腹部側邊。多數狗狗被人撓抓胯下時，會抬起一條後腿露出鼠蹊部，這是狗狗表示徹底服從的典型舉動。

這下我們面前出現奇特景象：兩歲的小孩可以讓將近四十公斤重的成犬完全主動地做出諂媚巴結的舉動，而且這隻狗還示弱得很開心很甘願。老實說，狗狗能做出的表示服從的舉動莫過於此，對任何人都是，更別說對象還是個小孩。

歐米加翻身很適合控制狗狗，也很適合讓你檢查狗狗的腹部。

狗狗訓練班——良好而正式的學習場所

只要你家小狗打齊所有疫苗，就該是馬上報名參加無牽繩幼犬社會化訓練班的時候了。這類訓練班提供正式的場所，功能有：

- 讓幼犬愉快地和各式各樣的人類互動和玩耍
- 讓飼主學習在有事物讓狗狗分心時，如何控制狗狗、訓練牠們服從
- 讓幼犬對其他狗社會化，並和牠們玩耍

狗狗若是在幼犬時期有充分機會玩耍，成犬後多半寧可和別的狗一起玩，也不想躲起來或打架。

在幼犬玩耍的聚會裡，你可以親眼目睹幼犬之間潛在或初發的社交問題自動解決。才不過參加了一、兩次聚會，膽小或好鬥的幼犬就開始和其他小狗玩了。類似的社交問題若是出現在五、六個月大的半成犬身上，就要花好幾個月的工夫才能解決。至於年齡在六個月以上的害羞、冷淡或意見很多的狗狗，矯正期可能長達一到兩年。再重申一遍，時機最重要。馬上帶小狗去上課吧！

要是你所在的地區沒有無牽繩幼犬社會化訓練班，你可以自己辦一個！從

你的獸醫那裡建立其他幼犬飼主的名單，邀請幼犬們加入小狗遊戲隊，一起參加你定期舉辦的「人狗派對」。還有個更好的辦法是：每個星期都去不同小狗家聚會！現在做一點小小又愉快的努力，就能預防將來可能發生的可怕潛在問題。

多玩遊戲，讓狗狗練習嘴勁控制

無牽繩幼犬遊戲（包括打架遊戲和含咬遊戲）能讓幼犬發展穩固的嘴勁控制。當然了，即使是社會化良好的成犬，偶爾也會有遇到衝突的時候，這方面狗狗和人類沒什麼兩樣。很少有人可以摸著良心說他們從來沒和人爭執過，從來沒失控發脾氣過，從來沒在盛怒之下動手抓住另一個人（通常是手足、配偶或子女）。但話說回來，也很少有人真的對人造成重傷或殺死他人。總之，若你預期狗狗（尤其是公狗）永遠不會和別的狗起衝突，未免太不切實際了；但在一方面，你可以合理預期狗狗知道如何解決紛爭，而不用把死對頭大卸八塊，事實上，甚至根本不用見血——我說的當然是嘴勁控制！

狗和人沒什麼兩樣，只有極少數人從來沒和別人起過爭執吧？那也別不切實際的期望你的狗永遠不會和別的狗起衝突。但狗狗懂得如何解決紛爭，只要牠受過良好的嘴勁控制訓練！

讓幼犬玩遊戲的主要原因，是要狗狗在成長過程中學習抑制咬人力道，而這時牠的上下顎力量還不足以造成嚴重傷害。此外，這類社交技巧一**定**要在幼犬期就培養起來。如果成犬具備穩固的嘴勁控制力，那麼成犬間的打架問題就可以輕鬆且安全地解決，只要讓兩隻成犬「自己喬事情」就好。然而，要是你家狗狗沒有良好的嘴勁控制力，有可能傷害別家的狗，「讓狗狗自己喬」的做法就變得愚不可及。在那種情況下若想解決問題，不但相當費時，還有潛在危險。成犬一定要重新社會化才能解決問題，但牠必須戴上嘴套才能安全地進行社會化訓練。

行為矯正篇

PART 2

大熊的故事

每次孩子們到地下室找「大熊」，牠都會激動地撲到他們身上，把他們撞翻在地。爸媽每次要抓住大熊把牠關起來也很費勁，有一次他們想強迫牠進地下室時，牠竟然還以低吼回應。

爸爸和媽媽想幫大熊找個新飼主——家裡有更大空間的人，以及有更多餘暇照顧狗狗的人，也許住在索諾馬縣牧場裡的某對老夫婦會是理想人選。

但以現實情況而言，大熊在索諾馬縣某個夢幻牧場和一對親切老夫婦共度一生的機率微乎其微。大熊真正僅有的機會是在當地的保護動物協會找到新飼主。可惜，大熊中大獎的機率一樣極低；所謂的大獎，指的是找到一位親切、有愛心的飼主。遭棄養的狗實在太多了，在保護動物協會的賭博遊戲中，有超過百分之八十的狗狗會抽到安樂死的結果。大熊被安樂死的機會比其他狗更高，因為牠沒受過訓練、不守規矩且不受控制；牠也沒受過居家訓練，還有亂咬東西、亂挖地和亂叫等壞毛病。

大熊最後終究找到牠的牧場了——在天國廣闊的牧場獲得永遠的安詳。為什麼會這樣？

大熊悲傷而意料中的命運，反映出無數其他狗狗的命運。只有不到一半的寵物狗能夠慶祝一歲生日。事實上，在美國，光是保護動物協會這個機構，每年就要將大約二十萬隻寵物安樂死！換算起來，等於每一點六秒就有一隻寵物死去。這龐大的數字反映出問題的嚴重性，也讓人想對大熊短暫的生命提出幾個疑問：

為什麼要把大熊關在地下室？

想必是因為把牠留在院子裡不可行，因為牠會到處亂挖，而且鄰居對牠持續不斷的叫聲抱怨連連。當然，挖地和吠叫之所以嚴重到成為問題，已足以顯示這隻狗被長時間留在屋外，而且無人看管。

大熊為什麼不能待在家裡？

想必是因為飼主不放心在沒人看著的情況下讓牠待在屋內。難道是因為狗狗會偷看色情電影嗎？不是，就只是因為狗狗自己待在屋裡時，會調皮地亂咬東西和亂大小便。換句話說，我們眼前的問題，只是單純的大小便訓練問題。

為什麼大熊沒受過居家訓練？

因為飼主腦袋空空？不見得。飼主很可能只是不知道訓練狗狗有多麼容易，資訊不足才是關鍵因素。為這隻狗做居家訓練，牠就可以再次融入我們的生活了。

讓人悲傷的惡性循環

基本上，單純的缺乏居家訓練能帶來一連串惡性循環。大熊在每個階段都增加被隔離和禁閉的程度與時間，也在每個階段衍生出更多問題。狗狗之所以會隨意選擇牠的啃咬玩具和廁所，是因為牠沒有得到充足的指示，不知道飼主希望牠選擇什麼當啃咬玩具、哪裡可以上廁所。

同樣的，一隻總是被關在後院的狗狗，不可能神奇地為自己做居家訓練，反倒會成為一隻任意啃咬和大小便的狗。而且要是牠長時間被人單獨留在戶外，牠還會隨心所欲地挖地、不知節制地亂吠。可憐的大熊就是活生生的例子。不難理解，鄰居會開始出聲抱怨，於是牠被飼主進一步隔離，關進地下室去；而由於牠有許多被飼主忽視而養成的壞習慣，這下牠更是隨意而有效地大搞破壞了。

狗狗是很重視社交的動物，與主要家庭成員和環境隔離，會大大增加狗狗對社交的渴望，也讓牠在見到家庭成員時更加亢奮。結果就是狗狗每次被放進屋內時，都不受控制地大鬧，最後終於失去進屋的權利。當然了，要是有人紆尊降貴到屋外找牠，這可憐的狗狗簡直要樂到瘋掉了。大熊的問題就在這：牠只是在看到飼主時開心過了頭。

行為矯正最主要的觀念：了解何謂狗狗本色

較有成效的思維模式，是勇於面對簡單的行為問題，並設法解決它。關禁閉和隔離並不是永久解決之道。

我總會想：要是某人希望把某樣東西關在院子裡、跟樹綁在一起，何不乾脆再種一棵樹就好了？用吊床把兩棵樹綁在一起，躺上去舒舒服服地讀一本訓練狗狗的書，豈不是一大樂事？讀完之後再用心訓練家中狗狗，訓練牠該在哪裡大小便、該啃什麼玩具、該在哪裡挖洞、該在什麼時候吠叫，還有該用什麼

狗狗有做狗事的需求。啃咬、挖洞、吠叫、大小便等，全是很正常、很自然、很必要的犬類行為。

方式和人類打招呼。這些真的很簡單。

當然，狗狗還沒學會家中規矩之前，我們必須讓牠沒機會調皮搗蛋，像是暫時待在某個房間內或是屋外的狗屋。但是一旦狗狗學會屋內和庭院的生活守則，就該允許牠在屋內和庭院自由活動。限制活動範圍只是暫時的必要手段，你放心讓狗狗待在屋內之後就該停止使用。限制活動範圍不是永久解決之道。

你必須了解狗狗本色，狗狗有做狗事的需求。啃咬、挖洞、吠叫、大小便和向你打招呼，全是很正常、很自然、很必要的犬類行為。想阻止狗有狗樣很愚蠢，試著阻止狗狗吠叫、啃咬、挖洞和大小便既不公平又殘忍，而且根本是不可能的任務。這樣做就和想阻止狗狗搖尾巴或埋骨頭一樣異想天開，成功機率更和堵住噴發的火山口一樣小。

懲罰式訓練——將製造更多行為問題

懲罰式訓練相對來說效率和效果都比較差，而且比起解決的問題，反倒容易引發更多問題。不過在多數相處關係中，似乎可以看出人性就是對好的東西全都視而不見，對不好的東西則牢騷連天。

我們不教狗狗我們希望牠怎麼做，卻經常為狗狗犯錯處罰牠，而所謂的犯錯是牠違背了牠根本不知道的規矩。所謂的「訓練」僅限於在狗狗每次不乖時處罰牠。不幸的是，懲罰式訓練要發揮效果，前提是狗狗每一次做錯事時都受到處罰；要是「法網恢恢，疏而『有』漏」，哪怕只讓狗狗逃過制裁一次，整個「訓練」都會瓦解。狗狗不會學到自己在家裡做出了錯誤行為，只會學到在飼主面前做出那些行為很不聰明。從此以後，狗狗開始把飼主和處罰聯想在一起，而這只是懲罰式訓練的其中一項潛在危機而已，糟糕的還在後頭。

由於狗會有狗樣，可是飼主在場時「不乖」又有引來怒火的風險，不難理解狗狗感到格外壓抑，於是狗狗眼裡只剩唯一選項：等飼主不在時再做不乖的事，也就是說，飼主自己製造了「飼主不在場的行為問題」。很多飼主有個錯

誤觀念，認為飼主不在場的行為問題是分離焦慮引起的結果，其實正好相反，根本原因說是「分離狂歡」還差不多！多數狗狗根本等不及飼主離開，這樣牠們就能在相對平靜的環境下展現狗樣了。

懲罰式訓練易造成狗狗的心理衝突

此外，除非狗狗很笨，牠才會在飼主面前不守規矩，所以飼主很可能再也逮不到狗狗正在做壞事。這下好了，飼主那一套近乎無用的懲罰式「訓練」，毫無疑問沒有半點成效。不過人類可沒這麼容易認輸，就算狗狗趁飼主不在時搗蛋而不會當場被處罰，不表示狗狗就能逃過被處罰的命運。人類的愚蠢會讓他們在返家那一刻處罰狗狗，真是離譜！這下我們的狗整天活在不安中，不確定到門口迎接你是否會換來精神創傷。狗狗一方面渴望見到你，一方面又害怕你回家。心理學大師巴夫洛夫創了一個精準的詞彙來形容這種狀態——心理衝突！也許狗狗心想：「我不懂，我的主人多數時候都很好，可是有時候又沒有理由沒有預警地突然攻擊我，也許他有自發性攻擊行為問題？」

可憐的狗狗承受莫大壓力，而壓力的主要徵兆當然包括：頻尿、腹瀉和一般性與習慣性活動增加；也就是說，飼主錯誤的「治療」反倒使問題惡化了。的確，這樣的治療開始造成狗狗到處亂跑，頻繁地啃咬、挖洞、吠叫和在家裡大小便。而且天可憐見，飼主一回家，狗狗就會躲起來或畏畏縮縮。諂媚行為通常被人類解讀為心虛、惡意或圖謀不軌，而帶來更嚴厲的處罰。

白費工夫地禁止狗狗展現狗樣，將使訓練淪為永無止境的責罵。飼主開始把重點擺在對處罰狗狗的方法求新求變。飼主老是在問「狗狗做了這個，我該怎麼罰牠才好？」或「狗狗做了那個，我該怎麼罰牠才對？」，這樣對人狗之間的關係實在不是好

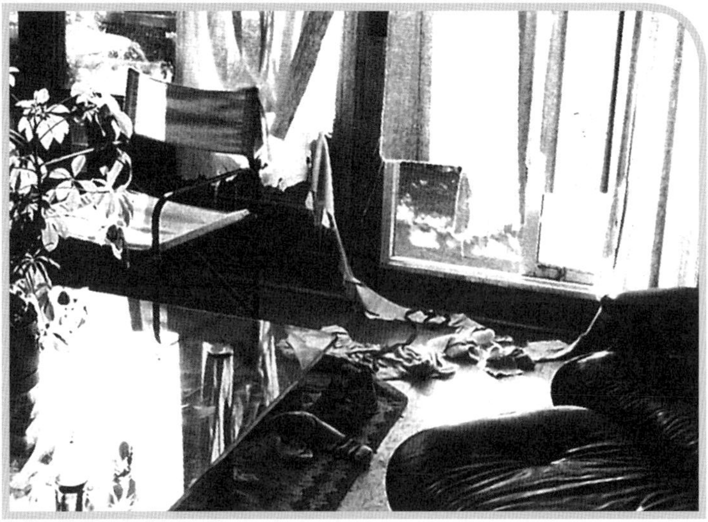

飽受蹂躪的吉姆家。

兆頭，而且用這種方法訓練狗狗更是極沒效率。

從一開始就告訴狗狗「對的方式」，最省力！

記住，狗狗有千百種不乖和「犯錯」的方式，卻只有一種做對的方式！舉例來說，想想家裡有多少地方是狗狗不該當作廁所的地方，我們可以試著在狗狗每次選錯地方時加以處罰——可想而知是一項沒完沒了的任務，也可以教狗狗我們希望牠在哪上廁所——從一開始就告訴牠正確選項。後者花的時間節省太多了。

多數狗狗已經受夠責罵、處罰、負增強、迴避訓練、嫌惡制約和類似的惡劣手段。飼主從來沒反省過他們蹩腳的學生可能有個蹩腳的老師嗎？飼主從來沒思考過也許牽繩兩端的個體都缺乏知識嗎？來一點符合常識的誘導獎勵訓練如何？為什麼不乾脆解決掉行為問題，這樣飼主辛苦一天下班回家，就能親密地抱抱狗狗、好好摸摸牠呢？既然是飼主經常對正常的狗狗行為看不順眼、覺得有問題，飼主就要負起責任，教狗狗怎麼樣在家裡展現基本的狗狗天性。

試試下列方法：

- 及早控制潛在問題，當下就降低問題的惱人程度
- 協助狗狗把發自天性的舉動導向你可接受的替代方案
- 在狗狗做出適當行為時獎勵牠

最重要的是，努力找出你和狗狗之間可行的折衷方案，藉此建立雙方都可接受的愉快生活型態。

採用獎勵式訓練後，你幾乎不需要再處罰狗狗了。所有效果卓越的訓練，不管是訓練行為、性情或服從度，宗旨都是在狗狗把事情做好時給予獎勵。你只要想想你家狗狗犯錯時你有多生氣，然後在每次狗狗達成目標時，給狗狗那股怒氣十倍的讚美。在訓練初期，你可以操控狗狗的生活型態，讓牠不可能有犯錯機會。動動腦筋誘使狗狗自動自發做對事情，比起用蠻力強迫狗狗不情願地屈服，要來得更容易、更有效、更快速、更愉快。當狗狗眼前有兩個選項：照你的方式做，換來很多好東西；或是照狗狗的方式做，什麼也得不到，多數狗狗很快就換邊站了。接下來的大小便訓練則是實踐這些原則的最佳範例。

既然是你經常對正常的狗狗行為看不順眼，你就得負起責任，教狗狗怎樣在人類的居家環境裡展現基本的狗狗天性。

大小便訓練──你跟狗狗快樂生活的基礎

無論你是要讓新來的幼犬適應居家生活，或是要矯正年紀較大的狗已經養成的壞習慣，程序都一樣：

❶ 防止狗狗在不對的地方大小便

❷ 在適當的時間指出適當的地點給狗狗看

❸ 在狗狗使用適當地點上廁所時給予獎勵

❹（最重要！）教導你家狗狗得體的如廁禮儀與牠何干

訓練第一步：預防犯錯

你家狗狗第一次在屋內大小便時，等於創下一個先例——很糟糕的先例。接下來牠犯的錯會增強已經養成的壞習慣，讓矯正工作更加困難。因此居家訓練的主要指令，就是預防狗狗犯錯。這一點在狗狗來到你家的頭幾天格外重要，因為狗狗最先解放的地點，在接下來很長的時間內，都會是牠偏愛的如廁位置。

在狗狗亂大小便的案例史上，有種司空見慣的類型是狗狗會在飼主的臥室大小便，而且是每一天！好，我能理解飼主難免「百密一疏」，讓狗狗偶爾有機會搗亂闖禍，可是不能每天啊！為什麼不乾脆把臥室門關起來呢？在狗狗完成居家訓練之前，不該讓牠滿屋子任意亂跑，這不是常識嗎？更別說進入臥室了！在你沒辦法盯著狗狗時，限制牠待在某個房間或戶外狗屋，會是暫時的解決之道。

長時間限制範圍的目的，是把問題局限在事先選好的區域裡。飼主知道狗狗在受限制的長時間內，在某個時間點會需要大小便，所以把狗狗的活動範圍限制在大小便造成麻煩最小的區域，例如洗衣房或是地板無孔隙的廚房，這樣就能在地上鋪報紙，讓狗狗很快養成「在有限空間裡要在報紙上大小便」的習慣。當然，最終目標是訓練狗狗只能到室外大小便，不過就現階段而言，要是狗狗可以在屋子裡自由活動，但呆呆的飼主沒有專心看管牠（人在心不在的飼

在狗狗完成居家訓練之前，不該讓牠滿屋子任意亂跑，這是常識！

主），至少狗狗想上廁所時會去牠熟悉的小範圍，這樣在屋內造成的困擾就能降到最低。

訓練第二步：教導適當行為

居家訓練極能呈現訓練技巧的良好效果與不良效果。若是對狗狗適當的反應視而不見，卻處罰牠犯的每個錯，居家訓練會曠日持久地延續下去。原因顯而易見：狗狗能用來當廁所的位置有好幾百個，每個都極不恰當，你卻必須在狗狗做出每一次錯誤選擇時都處罰牠。這樣實在既不公平又不人道，尤其狗狗在屋裡大小便往往會換來極為嚴厲的處罰。另方面來說，「對的位置」就只有一個而已，所以別再保密了，馬上帶你家狗狗去看吧！

訓練第三步：獎勵狗狗

居家訓練的內容有百分之九十五以上都在獎勵狗狗在對的位置上廁所，如果你定時帶狗狗去牠的狗廁所，在牠乖乖上完廁所時讚美牠，短時間內問題就解決了。

這種理論聽起來很棒很讚，不過實行起來有一個小小的漏洞：你要怎麼預先知道狗狗想大小便的時間，好帶牠去適當的位置？「限制範圍」再次成了救星。這次要用的是短時間小範圍的限制。普遍使用的項目有籠內訓練、拴繩訓練（短繩）和地點訓練（把狗狗的活動範圍限制在牠的睡床、睡籃或活動式睡墊）。對狗狗來說，狗籠就像嬰兒的嬰兒床或遊戲區；拴繩的原理類似兒童汽車座椅；地點訓練則等同家教優良的小孩，可以依大人要求安靜坐著不動。

短時間小範圍的限制暫時禁止狗狗在這段期間大小便，這樣狗狗被放出來時很可能立刻需要解放。換言之，籠內訓練的目的是預測大小便時間，讓你可以直接帶狗狗去廁所區，並讓牠因為大小便而接受讚美。

籠內訓練，讓「問題」不再是問題

第一步，讓你家狗狗習慣狗籠（或拴繩）。把籠門開著，讓狗狗能隨意進出。每隔一陣子就往籠內放些零食（從狗狗的晚餐裡抓一點乾飼料是不錯的選擇），這樣你家狗狗就會知道籠子是個值得去的好地方。

事實上，讓狗狗在籠子裡吃正餐更好。每次狗狗進籠子，你就大力稱讚牠，出籠子的時候就不理牠。接下來，試著把籠門關上，每次時間別太長。讚美狗狗，每次牠在新的小窩裡待著就給牠零食。打開門之後繼續稱讚牠，但是一旦狗狗走出籠子，立刻停止稱讚，對牠不理不睬。籠子很快就會成為你家狗狗偏愛的休息處，這時候就可以用它來限制活動範圍了。

你不在家時，把狗狗留在長時間的限制活動範圍；在家的時候，就把狗狗關在籠裡。狗籠搬運方便，所以狗狗可以待在你也在的空間內，這樣牠就不會感覺被排擠或隔離，你也可以隨時注意牠，在狗狗乖乖靜下來或啃牠的玩具時立刻稱讚牠。

每隔一小時，你邊說「出來囉」邊打開籠門，帶狗狗用跑的到牠的廁所

區，然後你站在原地等個三分鐘。你家狗狗很可能會大小便，因為過去一小時內牠都無法上廁所，而方才奔跑的過程充分刺激了狗狗滿滿的膀胱和直腸。如果狗狗尿尿或便便了，你要拚老命拍牠馬屁。**你可以跪到地上**（小心別跪在黃金上），**表達你對狗狗的感激涕零！**因為牠表現得太完美太傑出了！

現在你家狗狗開心地解決了內急，你可以讓牠在屋子裡到處晃晃（當然要有人負責看管），待個半小時左右，再把牠關回籠子裡。要是你家狗狗沒在指定時段內大小便，也沒什麼關係，直接讓牠回籠裡再待個一小時左右。

籠內訓練實在太好用了，你甚至應該考慮在你不在家的時間，徵求一位狗保姆來幫忙，而不是施行長時間的限制活動範圍。你家附近一定有幾個好人樂意看顧這小搗蛋，也許是某位早就想養狗的老人家，卻出於某種原因而沒辦法養。

狗狗好樂意快點便便！

以幼犬來說，待在家裡的最初幾個月建立穩定狀態是很重要的。若是重新訓練成犬或老狗，狗保姆也同樣有用，只要持續一星期籠內訓練，「問題」就不再是問題了。

拴繩訓練也是個好法子

如果你出於某種原因不想用狗籠來訓練，也可以使用拴繩法或地點訓練，並應用相同的訓練原則。

拴繩法用的是兩端皆有勾子的短牽繩，一端勾在狗狗項圈上，另一端勾在釘在踢腳板、門框或地板的Ｓ形勾上。你只要在每個房間都固定一個Ｓ形勾，就能在你移到別的房間活動時帶著狗狗和牠的睡墊一起，並且隨時盯著狗狗。有些飼主覺得更簡單的方法是為狗狗繫上牽繩，再把牽繩綁在自己的皮帶上。當然，勤勞的飼主這時候只需要對狗狗下命令，要牠乖乖待在睡墊上就行了，你可以把睡墊放在方便且易於監控的位置，像是電視前、電腦旁或餐桌下。

訓練第四步：讓狗狗了解關聯性

一旦你教完狗狗家規後，就該讓牠學習這些家規與牠何干了。祕訣是，狗狗每次在正確地點大小便後，你就給牠一個特別的訓練用零食。等狗狗醒悟到牠的大小便等同於零食自動販賣機的硬幣，也就是只要在特定區域內上廁所，大小便就會變成可以向你兌換零食的代幣，你家狗狗就不會想在其他地方上廁所了，因為在屋子裡其他地方（或到處）大小便沒有可以比得上零食的附加利益。

在居家訓練中，訓練用零食格外好用，因為有些飼主清晨六點站在屋外的冷雨中，實在提不起勁來擠出笑容，更別說熱情讚美狗狗乖乖便便了。好在，給予食物獎賞有同樣的正向效果，建議你在狗狗廁所區找個順手的位置放一罐有密封蓋的零食。

如果你使用漸進式獎勵法，甚至可以訓練狗狗在固定的小區域大小便，讓牠有個專屬的狗廁所。

獎勵的程度依據你家狗狗大小便的位置多靠近炸彈著地點而定：每次牠在

目標點六公尺以內大小便，你刻意讚美牠，並給牠一顆乾飼料；如果在三公尺以內，你熱情地說牠是「好狗狗」，然後慈愛地摸摸牠，再給牠兩顆乾飼料；在一點五公尺以內的話，你喜出望外地喊道「狗狗好——棒」，對牠又抱又摸，再給牠一個訓練用零食；要是牠正中紅心，你就給牠五個零食，誇張而高亢地大力稱讚「**真是好棒的乖狗狗啊！**」，外加數不清的又摟又抱，並承諾牠晚餐可以吃烤羊排、可以比平常看更多電視、可以免費去巴哈馬旅行！避免使用迂迴的語言，在給狗狗做居家訓練時，語帶保留絕對不是好方式。

最棒的如廁獎勵：散步

不管你訓練狗狗在後院某處或人行道大小便，對於剛上完大號的狗狗而言，散步都是最好的獎勵。有庭院的人很少運用這珍貴的獎勵，沒有庭院的人

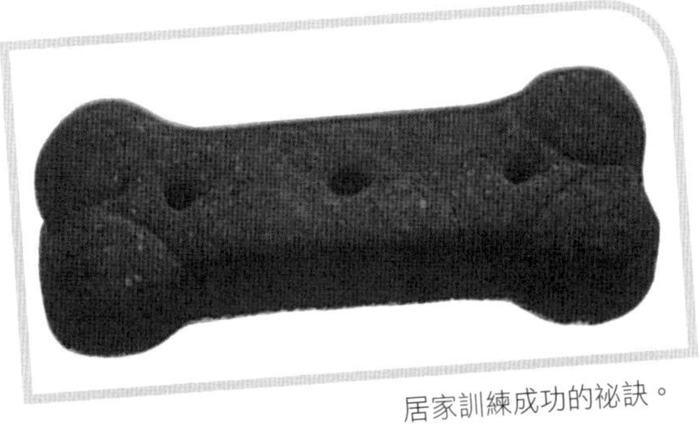

居家訓練成功的祕訣。

則習慣帶狗狗到外頭的公共區域大小便，卻完全不得要領。

一般人遛狗是為了誘使狗狗大小便，實在是很偏差的做法——狗狗不用出力就可以出門散步，而散步往往在狗狗解放完那一刻宣告結束。等於是這樣：狗狗只不過表現得像隻平凡的狗（滿心期待出門散步），就能獲得西方世界最棒的獎勵（出門散步），而當牠在對的時間對的地點做了對的事（在人行道上便便），卻獲得狗狗文明世界裡最嚴重的懲罰（散步結束）！我們好像把邏輯完全弄反了。

你應該這麼做才對：把狗狗從籠子裡、拴繩下或休息處放出來，帶牠到屋外，等個三分鐘。要是你家狗狗沒在這段時間內大小便，就帶回原處再限制牠的活動一小時；不過要是狗狗在後院廁所區或屋子前面大小便，那就可以去散步了！

對於在戶外公共區域便便的狗狗來說，用散步當獎勵格外重要。出門之後在門口站定，等你家狗狗便便。（你可以帶本書去讀，譬如這本書，邊等狗狗便便邊打發時間）。如果狗狗在門前便便了，好處至少有兩個：第一、幫狗狗善後比較方便，可以把排泄物丟在自家垃圾桶（不用再帶著一袋狗大便礙手

為了誘使狗狗大小便而蹓狗是不對的，應該是「先解放才能散步」。尤其對那些在戶外公共區域便便的狗狗來說，用散步當獎勵格外重要。

礙腳逛大街）；第二、狗狗可以獲得散步作為大小便的獎勵。你將發現這個「不便便就沒散步」的政策，可以塑造腸胃非常暢通的狗狗。

狗狗犯錯時，「去外面！」才是正確指令

盡可能預防錯誤發生，不過要是你有機會逮到「現行犯」，緊急指示狗狗「去外面！」。

「去外面」這個詞是指示性責備，它能立即傳達兩個超級重要的訊息：第一、你的語氣和音量告訴你家狗狗，牠就快要闖下大禍了；第二、這個詞本身的意義讓狗狗知道該怎麼改過自新。當然，在使用指示性指責之前，先確定你家狗狗懂得那個詞的意思。

「去外面！」這個詞，能以最簡單、最快速、

逮到狗狗正在犯錯時，「去外面！」指令能同時指導和責備狗狗。也請牢記，狗狗無法理解「做錯事」和「延後的處罰」之間的關聯。

最有效、最有力的方式，同時指導和責備你家狗狗。

如果你沒逮到狗狗正在做壞事，那就完全**不要**罵牠。延後的處罰將讓狗狗無法理解做錯事和懲罰之間有關聯（也不可能理解）。你應該罵你自己，是你的失誤，導致狗狗沒有關好、監督好或訓練好。回頭重新訓練吧。這就好比玩「大富翁」遊戲，而你抽到了機會卡，上頭寫的是「不准通行，拿不到兩百元獎勵金」。你是個壞飼主！**壞透了的飼主！**你得牢牢記得不再犯同樣的錯。

亂啃行為——用啃咬玩具就能解決！

只要一次啃咬闖禍，就可能讓你付出昂貴代價。我想「狗界啃咬世界紀錄」保持者，應該要頒給一隻曼哈頓雪橇犬，因為牠在三小時內毀了價值超過一萬五千美金的家具！

和搞錯啃咬對象的潛在花費相比，買啃咬玩具的錢簡直微乎其微。當你出門時，把狗狗放在長時間限制活動範圍區，並給牠充足的啃咬玩具。這樣的預防措施不僅把所有可能的啃咬活動限縮在那個區域內，也有助於把狗狗的啃咬癖好導向恰當的啃咬玩具，因為那是牠眼前唯一可咬的物品。

啃咬玩具應該是你家狗狗的最愛

啃咬玩具是狗狗可以啃但啃不壞或吃不下去的東西。如果你家狗狗啃得壞啃咬玩具，你就得花錢買新的。如果你家狗狗會把啃咬玩具吃下肚，你早晚會遇上得送牠去醫院的緊急狀況，還要付一大筆醫療費。你只能用啃不壞、吃不動的啃咬玩具，至於是哪種產品，則因狗而異。

無論你選的是哪一種，請記得，狗狗不會讀包裝袋上的標籤和說明，所以你必須主動教狗狗啃咬玩具是做什麼用的。你可以拿啃咬玩具跟牠玩遊戲：「來拿啃咬玩具」、「去撿啃咬玩具」、「去找啃咬玩具」。教你個好方法：

在某個狗狗總是能去的位置放一個玩具箱，這樣牠就知道自己臨時急需啃東西時，總是可以去那裡找玩具。最重要的是，每次狗狗玩啃咬玩具時，你都要大力讚美牠、給牠獎賞。

飼主在家時，亂啃東西很少是個問題；這類問題幾乎全都屬於飼主不在場的行為問題（而且是飼主造成的）。亂啃東西主要出現的時間點，是飼主早晨剛出門時，以及飼主下午／晚上即將返家前。狗狗的習性使牠們一般而言在黎明和黃昏時分最有活力，多數狗狗沒膽在飼主出門前啃東西，所以每天早晨都滿心期望飼主快點出門，好讓牠能盡情啃咬。（很類似我們期盼另一半早晨快點出門上班，才能背著對方抽這天的第一根

鳳凰和奧索開心地趴下來啃牠們的填充 Kong 玩具。

菸。）到了下午，狗狗啃東西的原因一部分是因為活動力逐漸增強，一方面是為了舒解擔心飼主回來後將面臨處罰的壓力。只要你能確保狗狗在你出門後和返家前都能專心啃玩具，這一點做到了，預防你不在場的居家破壞行為就成功了一半。

出門前，準備一個新奇的啃咬玩具

每天早晨出門前，都給狗狗一個新奇的啃咬玩具。啃咬玩具的價值就在新奇度，而維持新奇度有幾個小祕訣。如果是生皮製的啃咬玩具，可以把它浸在不同口味的湯裡面，晾乾後就成了每天早晨都不一樣的啃咬玩具。另一種則是把美味的零食磨成泥狀，塞進有開口且啃不爛的大蹄骨骨髓凹洞或Kong玩具裡，各大寵物店都販售消毒過的大骨頭和Kong玩具。在啃咬玩具裡塞零食有個訣竅——讓你家狗狗啃咬時，有些零食會輕易掉出來，有些卻怎麼都掉不出來，這樣狗狗才會勤奮不懈地對付啃咬玩具。

把狗狗留在長時間限制活動範圍內時，確保該範圍到處都有塞了零食的啃咬玩具。這就像把小孩和一台電視留在空房間裡一樣，小孩絕對會整天盯著電視盒子，變成不折不扣的電視兒童。同樣的，狗狗會啃玩具啃個不停（反正也沒別的事可做），因而培養出啃玩具的習慣。要不了多久，啃咬新奇又好玩的玩具就會變成自我強化行為。這是一種被動訓練法，你要做的只是把環境布置好，狗狗就會自我訓練成為啃咬玩具愛好者。

回家後，先讓狗狗把啃咬玩具叼給你

你回家的時候，能提供的最大獎品就是你自己，所以別急著跟狗狗打招呼，等牠把啃咬玩具叼來再說。要不了幾天工夫，你家狗狗來門口迎接你時，就會像在模仿叼著啞鈴的拾回犬了。你家狗狗下午一覺醒來、恢復精神後，就會到處找啃咬玩具，準備在你回家時得到關注和寵愛。要是你能在接過牠獻上的玩具後，把塞在裡頭的泥狀零食挖出來（用鉛筆之類的）賞給牠，這套模式的效果會更好。

在家時，強化狗狗啃咬玩具的習慣

你在家的時候，隨時都要試著用更多被動訓練法強化狗狗啃咬玩具的習慣。把狗狗的活動範圍限縮在籠內、拴繩處或狗窩裡，讓牠碰得到的唯一物品就是塞滿各種好料的啃咬玩具。這一招對剛進入新家庭的幼犬格外重要，因為牠們很快就會迷上第一個可以啃咬和玩耍的對象。

一旦狗狗知道牠該啃什麼之後，就該是時候讓牠知道什麼東西不該啃了。每次狗狗出現轉移啃咬目標的跡象時，即使只是聞一聞，你都要用指示性責備「啃玩具！」來迅速導正牠。你的語氣和音量得讓狗狗知道牠快要闖大禍了，而這個詞本身的意義則指導狗狗該啃什麼才對。此外，在牠主要啃咬目標周圍安裝觸發機關也是個好主意。

觸發機關：人造「不友善環境」

設計良好的觸發機關有幾個特性。首先，飼主不在的時候，觸發機關很有效。第二，懲罰狗狗的是觸發機關而不是飼主，所以這種方法能夠在不冒險損害飼主和狗狗關係的前提下，有效地處罰狗狗。

觸發機關好用的關鍵是，其處罰具備高度的即時性和關聯性。好的觸發機關會在狗狗越界的同一刻把牠嚇一大跳。狗狗是被環境所懲罰的，牠去探索這個環境，而這環境並不友善。這種情況類似狗狗把鼻子湊近燭焰——牠只會做這麼一次。你若是使用觸發機關，狗狗的學習經驗也經常是一試即成。

觸發機關可以有五花八門的變化，端看飼主（或設計者）如何發揮想像力和手藝。我最愛用的設計要使用很多個空啤酒罐。你可以應用同樣的原則保護各種不同的物品——扶手椅、地毯、孩子的玩具、桌上的食物和垃圾桶。我會在一片硬紙板上堆疊大約二十個啤酒罐（每個罐子裡放兩顆小石頭，以製造更大的噪音），硬紙板下用三個啤酒罐支撐，其中一個罐子顫巍巍地擺在架子或台子邊緣，這組裝置底下則是你要保護的物品，例如廚房裡的垃圾桶。用一條細線把一個支撐用的罐子和誘餌連接在一起，例如蘸過雞湯或培根油的紙片，再把誘餌放在塞滿垃圾桶的皺報紙頂端。當狗狗碰到誘餌時，細線會扯掉底層三個啤酒罐的其中一個，使得硬紙板傾斜，所有罐子都砸在狗狗周圍。

我們並不想住在永遠充滿機關的房子裡，所以你可以把機關布置好，但是先不要繫上觸發機關用的細線。讓狗狗有點時間習慣看到機關，否則狗狗就會察覺機關和掉落的罐子有關聯，也就是說，以後牠看到有機關就會遠離垃圾桶，但等你移除機關後，又會去翻垃圾。

不管你用哪種觸發機關，配合警告提示都能增強效果。在裝設觸發機關前一刻，先在垃圾桶上沾染新的氣味，例如沒用過的檸檬味清潔劑或芳香劑，或是任何狗狗沒聞過的刺鼻物質。由於狗狗先前已經多次成功直搗垃圾桶，偏偏這次有一大堆嚇人的東西從天而降，牠絕對會如此推測：「啊！一定是那個怪味，只有它是不一樣的東西。」狗狗很快就會把新氣味和掉落的啤酒罐連結在一起，這下你可以把這個嗅覺上的警告提示——新的清潔劑，噴在其他狗鼻子不該去的地方，像是流理台、椅腳、貓砂盆和地毯底下。這股味道彷彿在警告狗狗：你如果敢碰這裡的話，啤酒罐很可能會掉到你頭上喔！所以狗狗就不去碰了。迴避的制約作用仰賴警告提示，警告提示會嚇阻狗狗，讓牠不去碰受到保護的物品，日後即使你移除觸發機關，牠也絕對不會察覺。

挖洞訓練——讓狗狗好好挖個洞！

狗狗需要挖洞。

對狗狗來說，挖洞的好理由包括：挖洞好在裡面取暖或消暑；搜尋貓糞、蟲子、樹根和老鼠；挖洞脫逃；挖洞解無聊；挖洞樂逍遙；還有狗界最經典的真實原因——把骨頭埋起來，好再把它挖出來。

當然也請謹記：很多狗狗挖洞是因為單獨被關在後院裡悶得發慌，而飼主把牠們關在後院是因為不放心讓狗狗留在屋裡。居家訓練和啃咬玩具訓練通常可以輕易解決挖洞和吠叫問題。

你無法看管狗狗時，請把牠關在無法挖洞的地方，例如室內或室外狗屋。等你有空陪牠時，再主動帶牠到適當地點讓牠挖洞，例如挖掘坑。

為狗狗準備專屬挖掘坑

如果以你的角度來看，狗狗挖洞的地點有問題，那你就該替牠找個適當的地點並教牠使用，這樣才是公平的作法。

挖掘坑很類似兒童玩耍的沙坑，你想教狗狗喜歡在牠的坑裡挖洞，就要在坑裡預備各種好東西：藏起來的乾飼料、特殊的訓練用零食、啃咬玩具（是的，在戶外也需要玩具）、網球、會唧唧響的玩具，甚至是牛骨。一旦你家狗狗發現牠的挖掘坑簡直是個寶庫，牠會捨棄院子裡其他地方而專挖這裡。跟坑裡的骨頭和冷凍乾燥肝臟相比，樹根或死蛞蝓有什麼好挖的？我的意思是，要是加州就有金礦，誰還要去紐澤西淘金？在坑裡挖洞很快就會成為自我強化行為，找到寶藏更讓狗狗格外有成就感。即使如此，每次狗狗在坑裡挖洞時，你還是要持續讚美和獎勵牠。

看守冥府入口的地獄犬。

你也可以用被動訓練法教狗狗適當的挖洞行為。如果你把狗狗關在鋪水泥地的狗舍裡，邊緣放一個挖掘坑，那麼這位潛在的挖掘者很快就會養成在坑裡挖洞的好習慣（因為牠也沒辦法在別的位置挖洞）。幾周之後，你可以讓狗舍的門開著，每當狗狗感覺有挖洞的衝動時，很可能就會直奔牠的挖掘坑。

要是你計畫讓狗狗在無人看管的情況下長時間待在院子裡，那你必須預先花點時間陪狗狗待在室外，教牠院子裡的規矩，比如說不可以走在花園裡，那更別說在花園裡挖洞了。要是你看到狗狗想在草地上挖洞，你可以用「挖掘坑！」這句指示性責備，適時提醒狗狗牠做的事是不對的，還有牠該在哪裡挖洞才對。

吠叫問題——唯一問題來自飼主的「善變」

沒有人會想給金絲雀戴電擊項圈、往嬰兒嘴裡擠檸檬汁，或是因為老公邊淋浴邊唱歌而捲起報紙打他，甚至帶他去割除聲帶。可是很多人卻覺得可以對狗狗做這些事，而且認為沒什麼大不了的，甚至做得更過分。

吠叫之所以引起問題，是因為飼主不變的特質就是善變。有時候他們准許狗狗吠叫，有時候鼓勵狗狗吠叫，有時候又嚴厲處罰狗狗吠叫。可憐的狗狗滿

腹疑惑又承受莫大壓力，難怪飼主一出門，狗狗就馬上發洩情緒。

如果你家狗狗會在你離家時吠叫，拜託你千萬不要把牠關在室外。事實上，一開始很可能就是狗狗被關在室外才出問題的。聲音是會傳遞的，你家狗狗被關在室外時，會更容易聽到外界干擾的聲音，而你的鄰居也更容易受到狗狗叫聲的干擾。在吠叫問題解決之前，先把狗狗限制在某個室內空間裡，最好是在某個房間（減少動靜）、遠離街道（減少外在干擾的效果）、位處與有怨言的鄰居相反的房屋側（減少抱怨）。把窗簾拉上，盡量隔絕聲響。讓收音機開著，而且音量別太小，這樣能安撫狗狗、提供白噪音，讓外界傳來的聲響變得模糊不清，也能掩飾狗狗的叫聲。

雪橇犬的嗥叫——有什麼新鮮事？

你在家時，較為簡單且不易混淆的方式，是從單一原則開始訓練：吠叫是被允許的，但僅限於命令狗狗「安靜」之前，聽到命令後狗狗就該安靜一段時間，大約一兩分鐘吧。安靜一段時間後，多數狗狗早就忘了剛才有什麼事惹得牠們想叫。訓練狗狗減少吠叫頻率的第一步，是教牠依照命令吠叫。這聽起來可能有點蠢：不過很重要的一點是，你得明白，吠叫屬於短暫性問題，也就是狗狗吠叫過了頭，或是在不恰當的時間點吠叫。你訓練狗狗依照命令吠叫之後，你至少就對牠的行為取得了一部分的暫時控制權。而且一旦你可以用刺激來控制吠叫，就可以命令狗狗在牠並不想叫的時候吠叫，這一點對於教導更重要的「安靜」指令大有幫助。

安排幫手與情境，訓練狗狗依照指令吠叫

挑一樣會惹你家狗狗叫的刺激項目，例如門鈴。安插一個「共犯」在門外，再對著你家狗狗下令「注意」或「看家」（這種指令比「唱歌」或「說話」來得有力），你的共犯聽到這句暗語就按門鈴，進而引發狗狗吠叫。你家

狗狗很快就學會預期你下完命令之後會有門鈴聲，只要重複個五、六遍，光是「看家」這指令就足以讓狗狗吠叫了。這類訓練能讓守衛犬產生不安穩的情結。「飼主到底為什麼每次都知道門鈴要響了啊？我要是不在飼主說『看家』的時候趕緊叫個兩聲，恐怕就要被炒魷魚啦！」

「安靜！」練習

在你家狗狗沒有理由出聲時，指示牠開口吠叫，並且為此大力讚美牠。這項練習本身就會讓多數狗狗又驚又喜，特別是當你也共襄盛舉跟著唱歌時。接著，指示狗狗「安靜！」，並在牠鼻子前晃動零食。一旦狗狗停止吠叫、湊上去嗅時（牠不可能同時又聞又叫），把零食給牠吃，並輕聲讚美狗狗安

卡拉漢在學習「說話」和「安靜！」

靜地吃零食。輕聲細語會鼓勵狗狗側耳傾聽，而牠在聽的時候不太可能會叫，不然就聽不清楚牠想聽的聲音了。

把零食當作誘餌或用手勢促使狗狗坐下或趴下，也有助於讓狗狗靜下來休息並且閉嘴。經過幾秒鐘沉默的時間後，你再叫狗狗吠叫——對狗狗而言將又是一次驚喜。不管第一次讓狗狗閉嘴有多困難，第二次絕對都會容易得多。然後再叫牠叫一次「大熊好乖，汪汪好棒」，接著命令牠「安靜」——「大熊好乖，噓—好棒」。一再重複讓狗狗「開機」和「關機」，在狗狗吠叫和安靜時都給予讚美和獎賞。大功告成！

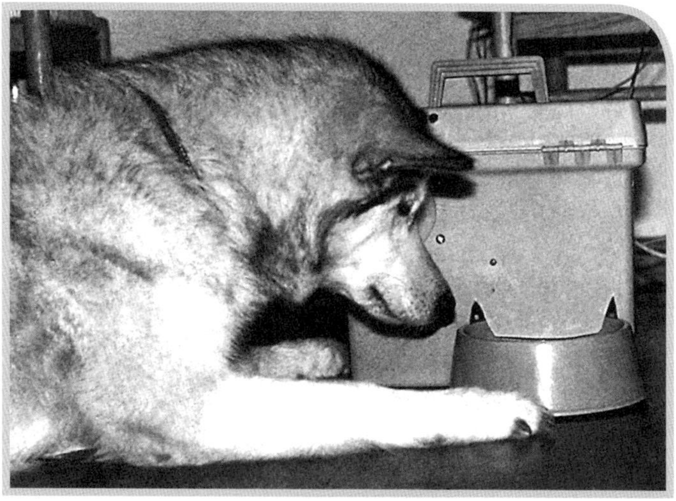

鳳凰用威森／唐拔電子吠叫盒自學休息和安靜。

吠叫屬於短暫性問題，也許是狗狗吠叫過了頭，或是在不恰當的時間點吠叫。

給予狗狗明確的吠叫規範

現在，你家狗狗受過訓練了，你可以准許牠狗有狗樣地吠叫一番，直到你命令牠「安靜」為止。你現在可以開始矯正你家狗狗的吠叫狂歡活動，教導牠吠叫時必須遵守幾項規定：

(1) 哪些是牠應該用吠叫來回應的刺激物，例如陌生人、門鈴……等

(2) 哪些是容許牠（輕微）吠叫的刺激物，例如溜進院子裡的貓（拜託，我們也別對狗狗太嚴苛了！）

(3) 在各種情況下容許牠吠叫多久（例如門口有人可以叫個十聲，但是看到鄰居的貓或狗最多只能叫三、四聲）

(4) 哪些是飼主不許狗狗出聲的刺激物，例如三個街區外有片樹葉落下了，這實在不算什麼天崩地裂的大事吧，不需要用幾百聲汪汪來公告！

撲人問題——一開始就教狗狗你希望的打招呼方式

撲人會成為問題，主要是針對半成犬和成犬。幼犬也會撲人，但飼主極少將之視為問題。事實上，很多飼主還會在無意間鼓勵幼犬撲人呢。

有很多狗狗訓練書都建議飼主，用下述方法對付以撲人來打招呼的狗：對牠大喊、往牠臉上噴水或檸檬汁、用報紙捲打牠的鼻子、用力拽牠的牽繩、拎牠的項圈把牠往上提、用力捏牠的前腳、踩牠的後腳、用膝蓋頂牠胸部、把牠往後掀翻。對於只是想打招呼的狗狗來說，這些當然都有點過分了。孔子曾說：「殺雞焉用牛刀？」何不乾脆訓練狗狗坐下或趴下來跟人打招呼呢？

幼犬撲人很可愛，成犬撲人就不行？

狗狗撲人有好幾個原因，第一個也是最大的原因，就是多數狗狗從幼犬時代就被訓練要撲人。當小狗狗跳起來撲人時，多數人會拍拍牠的頭、搔搔牠的耳後，因為他們懶得蹲下去配合小狗狗的高度。然後某一天，狗狗盡責地以撲

用腳爪按壓、舔人和撲跳，都是狗狗友善的討好舉動，也是狗狗主動求和的舉動。撲跳不是攻擊。

跳向飼主打招呼，而飼主對這團友善毛球的回應是打一下頭或頂一下胸膛。狗狗犯了什麼錯？只不過是長大了而已！

用腳爪按壓、舔人和撲跳，都是友善的討好舉動，狗狗用這種方式表示：「歡迎回家，很高興看到你，請接納我，請不要傷害我。我只是卑下的蠕蟲，而你是最尊貴的人類！」那最尊貴的人類做了什麼？處罰狗狗撲人！

這下狗狗有兩個理由要表示服從了——原本的理由，以及牠現在得討好發怒的飼主。狗狗會試圖用什麼方法求和呢？用腳爪按壓、舔人和撲跳！這是訓練過程中會遇到的很多矛盾之一——你愈是懲罰狗狗，牠的錯誤行為愈嚴重。重申一遍，要對「症」下藥。

從一開始就用獎勵法訓練狗狗「坐著不動」向人打招呼。

比起試圖用處罰消滅複雜的社交行為，更簡單的方式是用單純的反制約程序，訓練狗狗展現人類可接受的打招呼替代方案，一個與問題行為無法並存的行為，舉例而言，狗狗無法同時又坐下又撲人。如果你家狗狗坐下不動，那你讚美牠的理由可能有兩個：坐下和不撲人。不過要是你家狗狗還是撲人了，那表示你在「坐下—維持」的項目還沒把牠訓練好，請回頭重新練起。

反制約程序聽起來像極簡派的交響樂，理論上而言也確實如此。不過要把理論付諸實踐，挑戰性可能就會高一點。對很多狗來說，在牠們見到人打招呼的時候，「不受控制」實在是很委婉的修飾說法。很多狗簡直興奮到無以復加，整個心思都跑到眼前的人身上，以致於連飼主在場都忘了，更別說乖乖服從「坐下」這樣的命令。反制約是理論性的解答，接下來要講的「故障排除」才是實際的行為問題解決之道。

運用「故障排除」，教狗狗坐下打招呼

對於極為嚴重的行為問題，要在日常生活中訓練狗狗幾乎是不可能的事。

舉例來說，在沉重、煩躁、麻煩和恐怖的上班日結束後回到家中，你很難還有精神訓練狗狗坐下。同樣的，有客人上門時，試圖訓練狗狗在門口坐下也是件吃力不討好的工作，因為你急著應門，只能把很少的注意力放在狗狗身上，狗狗也以比你更少的注意力來回應。不過，如果針對這問題使用故障排除法，你就可以設定你方便的時段來教導狗狗：你期望牠用什麼方式來向人打招呼。

教你家狗狗坐下，運用誘導獎勵訓練來減弱狗狗反應的劇烈程度，特別著重在前門和繫上牽繩外出時，因為你家狗狗通常會在這些地方遇到人。進行室內訓練時，你可以特別加強訓練讓狗狗坐在特定位置，例如前門門廳的墊子上。你看著狗狗，命令牠在墊子上「坐下─維持」，找來的幫手則不時地開門、關門，並一再按門鈴，讓狗狗習慣客人上門時會伴隨而來的干擾。如果我們期望狗狗坐著向人打招呼，我們必須確保至少在類似但干擾較少的情境下，狗狗懂得如何「坐下─維持」。

「坐下跟飼主打招呼」，這樣教！

首先（這也是最難的部分）在你回家時，命令狗狗坐在（或趴在）牠的墊子上，牠不這麼做，你就不和牠打招呼。如果狗狗坐下了，務必輕聲而大量地稱讚牠。如果狗狗不坐下，你要試到牠坐下為止。用盡一切方法——揪著狗狗的項圈抓牢牠，直到牠就範。這不會比在讓狗分心的情境下訓練牠要難，只不過這次你得堅持到底，你家狗狗終究會坐下的，到時候你就可以為牠費力坐下尊臀而大力讚美牠。至於其他的責罵和懲罰既沒必要、也不建議使用。你家狗狗很快就會明白牠得先坐下，你才肯和牠打招呼。狗狗一坐下，你也要確實好好和牠打招呼，輕輕摸牠、平靜而毫不吝嗇地讚美牠、給牠幾塊零食。

接下來就是簡單的部分了。等你家狗狗展現完例行的狂喜舉動：聞你、舔你、搖尾巴、扭腰擺臀，亢奮的情緒也隨之消退，這時候你要偷偷從後門溜出去，再次從前門「回家」，並命令狗狗到適當的位置做出適當的舉動，也就是坐在牠的墊子上。這次讓狗狗乖乖坐下可就容易好幾倍了。這時候，狗狗看到你回家並不是太興奮，因為牠幾分鐘前才跟你打過招呼。

你和你家狗狗二度相見歡之後，再離開屋子重複這流程第三遍，之後再重複數遍。你每重新進門一次，狗狗的表現都會更進步。狗狗一再面對同樣的刺激（飼主從前門走進來），興奮的程度會逐次遞減，易於控制的程度則會遞增。重複好幾遍以後，讓你家狗狗坐下打招呼會變得愈來愈容易。

運用故障排除的方式，狗狗最初的進步效果驚人。等到狗狗的表現已經有了百分之百的水準，你還要再重複離家／進門的戲碼五、六遍，好在狗狗大腦裡留下不可抹滅的印象——你非常高興、非常欣賞牠新學會的社交禮儀和得體的打招呼方式。

「進到屋內要乖乖」，這樣教！

對於因故養在室外的狗狗，故障排除更是重要。

通常來說，養在室外的狗狗有機會進屋時，整隻狗都像瘋了一樣；當然，這往往就是狗狗當初會被放逐到室外的主要原因。這下子很快就出現惡性循環：狗狗被關在室外的時間愈長，進入室內的時候就愈亢奮，行為也就愈乖戾。到最後，狗狗隨時都得待在室外了。不管你希望看到狗狗進屋時行為得體，或是你希望你走進自家後院時不用擔心被瘋狗突襲，故障排除的方式都是相同的。

邀請狗狗進屋來，命令牠「靜下來、安靜」。等狗狗冷靜後，再命令牠「出去」。讓狗狗連續進屋和出去好幾遍，這套流程不僅能改善狗狗每回進屋時的風度和儀態，也能增加狗狗每回出去時的渴盼。狗狗學習到進屋時要表現得像隻有教養的狗，也學習到必須出去時未必代表牠得在寒風中待到天荒地老。等到你家狗狗培養出進屋時絕對守規矩的態度時，就讓牠在屋裡待久一點吧。

至於長時間養在室外的狗狗，你要連續出去向牠打招呼好幾遍。第一次拜訪會是一場災難，第二次只會有點不愉快，第三次就挺好的，第四次之後狗狗都會循規蹈矩。既然狗狗這麼聽話，何不讓牠進屋享受陪伴、舒適和庇護？飼主萬歲！

明確宣告撲人時機，狗狗不困惑

有些飼主覺得，狗狗偶爾撲上來打招呼是件愉快的事，但為了避免狗狗困惑，你每次都要用適當的指令宣告可以撲人的時機，例如「來抱抱吧」。絕對不要容許狗狗在未經邀請的情況下撲人。你回到家後，應該先讓狗狗冷靜自制地迎接你，等你關好門或換上了不怕髒的衣服，再叫狗狗跟你抱抱。這樣一來，原本的困擾——開心的撲人——便轉為獎賞，獎勵狗狗剛剛見到你時沒有撲人。

「坐下向客人打招呼」，這樣教！

邀請二十個朋友來你家玩，名義上是為了看足球比賽電視轉播，實際上卻是為了給狗狗做特訓。

首先是派翠克。派翠克來的時候，你可以拿出百分之一百一十的注意力盯著你家狗狗，你不用急著去應門，因為這是事先安排好的橋段，再說派翠克也不是外人。不管你要花多長時間讓狗狗坐下或趴下都沒關係，別氣餒，第一次總是最難的，接下來就會像教負鼠裝死一樣輕鬆了。

等狗狗在墊子上坐好或趴好，你再示意派翠克進屋來。（門雖然關著但沒上鎖，所以你不需要把注意力從狗狗身上移開。）趁狗狗還待在墊子上的時候，持續不斷地讚美牠。

派翠克可以伸出手讓你家狗狗聞，也可以拿一塊零食給牠吃。請派翠克去客廳裡坐下，再命令狗狗去打招呼。派翠克可以摸摸狗狗，讓牠對自己進行不可或缺的鼻子掃描，探測訪客衣物上通常會沾染的各種有趣氣味（比如派翠克家裡那隻誘人的大白熊犬魅力十足的氣味），還有聞聞客人的鞋底（派翠克走過福克街與四十六街交叉口時，不慎踩到了堆積如山

來抱抱吧！

親親！

的柯基犬便便殘骸）。

等狗狗習慣有派翠克在而靜下來後，請派翠克偷偷溜出去，再按一次門鈴。狗狗會出現典型的反應：像先前一樣活力充沛又狂野地衝到門口，發現又是派翠克之後則會稍微冷靜一點。由於狗狗變得比較冷靜了，要控制牠也比較輕鬆快速。派翠克走進門，給狗狗一塊零食，然後坐下來讓狗狗對他做嗅覺探測。這次你家狗狗在搜索派翠克的長褲和鞋底時就沒那麼興致勃勃了，要不了多久，牠就會靜下來休息。

請派翠克從舞台右側退場，然後再按一次門鈴。狗狗會快速衝過去，卻聽到熟悉的腳步聲、門鈴的旋律、鐘錘的節拍，於是牠很快聞了一下門底，瞥見派翠克，馬上醒悟過來，不禁在心中吶喊：「派翠克！你到底要不要待在這裡啊？」現在派翠克的存在已經不比閒置的雪靴還有吸引力了，你很容易就能控制狗狗，讓牠坐到墊子上待著不動。狗狗做到你的要求了，所以得到了獎賞，因此牠未來把事情做對的機率就更高了。

派翠克應該再多進進出出幾回以防萬一，然後他就可以坐下來休息看電視、喝幾罐冰啤酒（順便貢獻做觸發機關用的空罐子）。在一場球賽的轉播時間內，讓派翠克總共進屋十次。（你可以把啤酒擺在門廊，加強訪客願意一再出門的動機。）

第一位客人完成了，現在該是時候打電話找蘇珊來了，請蘇珊重複整套多次進門的流程。接下來找泰咪、史黛西……以此類推，直到所有人都齊聚一堂看電視轉播。

只在這一輪密集打招呼的時段裡（四小時內和二十個人打了兩百次招呼），狗狗就學會了該怎麼到門口迎接客人，而你也學會了怎麼控制你的狗，等星期一早晨你們遇上來自美東（或來自美西，這一招對來自各地的訪客都適用）的正牌訪客時，你要叫狗狗聽話就輕鬆多了。未來你可能需要偶爾讓狗狗複習一下。如果你家狗狗騷擾訪客，你只要請訪客先離開、再進屋一次就好了。

奧索和鳳凰坐著迎接客人。

跟路上的陌生人打招呼

你還可以設計一個類似的故障排除訓練，教狗狗在路上遇到陌生人時該如何適當打招呼。

還是一樣，你在日常生活中很難有效訓練狗狗（例如當你趕著去寄信時），倒不如趁球賽轉播中場休息時，發些狗零食給那二十位客人，然後把他們都趕到街上去，吩咐他們散開來，以順時針方向繞著街區走，而你帶著狗狗以逆時針方向同步出發。每遇到一位朋友，你就叫狗狗坐下。

要是狗狗坐下了，你就稱讚牠是隻乖狗狗，並且餵牠零食，那些喬裝的陌生人也可以讚美狗狗、輕輕摸摸牠。要是狗狗撲人的話，你就對牠發出指示性責備「坐下！」。你家狗狗將面臨抉擇：坐下接受讚美、撫摸和零食？或是撲人後被罵，被罵完還是得坐下？換言之，根本沒得選。你家狗狗會欣然選擇坐下的。

繞第一圈時，你會感覺像是支持的球隊剛剛達陣得分了，四周滿是狂歡慶祝的氣氛，因為狗狗一直想跟遇到的每個人擊掌。不過繞第二圈或第三圈的時候，你家狗狗就抓到和人打招呼的竅門了。繞到第四圈或第五圈時，狗狗已經有完美表現。

多找幾組人馬來做練習，這樣狗狗可能可以在半小時內練習和上百名路人打招呼。你家狗狗有機會熟練遇到陌生人時必備的居家社交禮儀，那麼當你帶牠去寄信時遇到真正的陌生人，你將更能控制牠。

服從訓練篇

PART 3

喜兒的故事

喜兒是隻討人喜歡的小狗，牠的幼犬疫苗剛打齊，飼主就帶牠去公園玩，拿掉牽繩放牠自由奔跑。喜兒跑啊、跳啊、蹦啊、衝啊，活像爆發力十足的蘇菲教派旋轉托缽僧。等喜兒體力耗盡，牠疲憊而開心地回到同樣開心的飼主身邊，他們替牠繫上牽繩帶牠回家。喜兒的童年非常快樂。

喜兒接近青春期時，在公園裡狂歡半小時根本滿足不了牠的玩興，飼主想回家時，牠並沒有準備好要停止玩耍。飼主呼喚牠，喜兒滿心信賴地靠過去看看他們要做什麼，結果……「他祖母的！」，他們竟然要給牠繫上牽繩帶牠回家！「可是我還沒玩夠啊……」

喜兒可稱不上什麼大思想家，不過倒也沒像飼主那麼笨。牠很快就作出有效的結論。「我在玩的時候一定要留神這些主人，只要他們說出可怕的關鍵字『過來』，我就得趕緊逃命。」飼主想逮住喜兒，但牠在這場耐力賽中培養出驚人速度。喜兒玩得很開心，牠覺得「抓鬼」這遊戲實在太有趣了，但飼主可不這麼想。他們終於逮住喜兒時，心情已經不是很好；他們猛力搖晃可憐的喜兒，對牠嚷了一串惡毒的話。天啊！我敢說喜兒下次在公園奔跑時會乖乖讓飼主逮到牠，可惜到公園遠足的日子已經所剩無幾了。

小飛的故事

雖然小飛已經全然不受控制，牠的飼主還是拿掉牽繩放牠去玩。他們為狗狗不聽話找理由。「哎呀，牠偶爾還是會過來啊，而且牠在家每次都會過來。你知道吧，牠是挺有主見的狗狗。」下一回出門的時候，小飛為了追一隻貓衝過馬路，貓過去了，小飛沒有。小飛被車撞了。

另一種可能A

小飛追著貓過馬路，剛好有輛車開過來。小飛和貓都躲過一劫，那輛車卻沒有。汽車駕駛扭轉車頭閃避小飛，迎面撞上一棵樹。車子毀了，幾位乘客也是。（司法紀錄中，狗飼主最高曾獲判兩百七十萬美元的賠償金，案例裡的狗跑到街上，使一輛小貨車緊急轉彎。小貨車上的兩名乘客被甩出車外，遭受嚴重頭部外傷和腦部損傷。）

另一種可能B

全家沒人能控制未繫牽繩的小飛，所以這家人明智地選擇給牠繫上牽繩散步。小飛好懷念過去沒有束縛狂衝的日子，所以牠儘管有繩在身，還是用差不多狂衝的方式在「散步」。手指扭傷、手肘肌腱炎和肩關節半脫位等傷勢逐漸消耗了家庭成員的興致，直到再也沒有人肯主動蹓小飛。反正新鮮感也已經沒了，小飛不再是可愛、易於控制、毛茸茸的小狗，牠現在會來硬的了。

由於小飛很懷念每天拖著飼主逛大街的遊戲，牠在室內的活動力增加到危險且教人吃不消的程度。不難想像，這下小飛大部分時間都被關在院子裡，只在特殊情況下才獲准進屋。每次有親友來作客，飼主就會把小飛叫到跟前，然後關到外頭去。小飛的大腦做出了計算：「每次他們說『過來』這個詞，都會把我趕出去，害我錯過所有好玩的。」小飛變得很難逮到。

每當小飛偶爾獲准進屋時，牠樂瘋了，熱情無比地衝上前向失散已久的家人打招呼。在屋子四處來回不停地狂奔（就像牠小時候飼主鼓勵牠在公園裡做的舉動），撞翻了椅子、小孩和老人家，撲到客人身上，像鵝一樣伸長脖子、前爪搭著客人，舔到他們快抓狂。最後，小飛獲判永遠流放到院子裡。而這熟悉的郊區後院最適合上演像先前「大熊的故事」一樣的狗狗劇場（見九十二頁）。

飼主打一開始就判定狗狗會過動大鬧。這次還是一樣，小飛唯一的罪過就是牠長大了。牠體型變大、力量變大，於是全家人變得無法忍受牠的活動力和耐力。牠那副嗨過頭的模樣讓飼主認定訓練牠的難度太高，此外，由於飼主把玩樂和訓練截然劃分開來，使得小飛認為玩樂和訓練是無法並存的，牠就把票投給了玩樂。對小飛來說，奔跑以及與其他狗嬉戲這樣的歡樂時光，變成牠偏好的選項，也成了訓練中會使牠嚴重分心的事。不幸的是，小飛的樂趣即將成為短暫的童年記憶，牠是曾經快樂過……但時間不長。現在小飛的平均剩餘壽命所剩無幾。

打從一開始就建立你可以接受的狀態吧。幼犬非常容易受影響，學習能力很強，例如你可以教牠偶爾靜下來一會兒。你一旦能夠一聲令下就讓半成犬靜下來，一旦你可以控制狗狗的行為，那麼不管牠在做什麼、或是牠情緒有多激動，你們未來的路都是充滿樂趣的。一隻訓練良好的狗狗可以陪伴你散步、跑步、野餐、兜風、拜訪親友、住汽車旅館、住避暑小屋……，你只要預先花點

心思學習控制牠，狗狗就能享受美好狗生，而且是很長的狗生。

你若想花最少的力氣得到一隻可信賴、訓練精良的狗狗，那你除了教狗狗指令的意義，還得教牠明白服從指令與牠何干。一旦你家狗狗懂得服從你的要求與牠何干，你幾乎就不用再責罵牠了。從一開始就把訓練和你家狗狗最愛的活動結合起來，如此一來，「跟其他狗狗玩」等有趣的狗活動，不但不是有礙訓練、讓狗狗分心的事物，甚至能成為有益訓練的獎勵。

「坐下」、「趴下」和「站起來」——最容易學也最好用

動作一、坐下

先量好你家狗狗一天所需的食物量，然後從中抓一把乾飼料。餵狗狗吃一顆，讓牠知道「遊戲開始了」。你說「坐下！」，拿第二顆乾飼料緩慢地往上、往後移到狗狗頭上，靠近牠的鼻子。狗狗抬起頭用眼光跟著食物跑的同時，牠就會坐下了。等狗狗一坐下，你就把乾飼料給牠當獎勵。

這是魔法嗎？非也，只是運用四足脊椎動物的結構工程學罷了。基本上，多數四足動物望向正上方時，根本不可能不坐下來，我們稱這種姿勢為「郊狼嗥月」。你可以親身體驗看看：模仿狗狗的站姿（或是美式足球賽裡的前鋒球員姿勢），手臂和雙腿打直，腳趾和手指都貼著地，然後試著抬頭看你頭部正上方的天花板。你不可能看到正上方，除非你把手指抬離地面，或是彎腿坐下。

如果你家狗狗在訓練時把前爪抬離地面，那表示你把飼料拿得太高了。放低飼料，往後移到狗狗的兩眼之間，只比牠的頭高出兩、三公分。（想教狗狗蹲坐或用後腳站立的話，請見二五二頁）要是你家狗狗會往後退，帶牠到某個牆角練習。

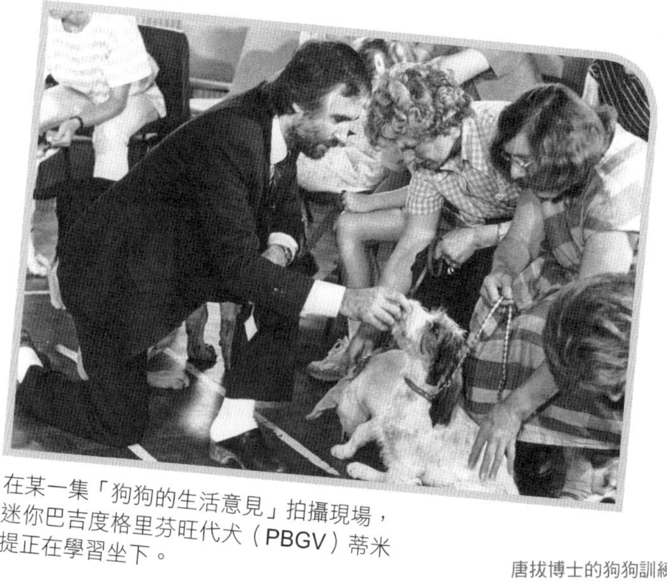

在某一集「狗狗的生活意見」拍攝現場，迷你巴吉度格里芬旺代犬（PBGV）蒂米提正在學習坐下。

動作二、趴下

趁狗狗坐著時，說「趴下！」。讓牠聞聞另一顆乾飼料，然後快速放低飼料，並放在狗狗兩隻前爪之間的地上。多數狗狗會做出「邀玩」的動作——上半身伏低，胸板貼地，下半身翹得老高，好像脫下褲子露股溝似的。（日後你可以再教牠「邀玩」，請見二五五—二五六頁）你慢慢移動乾飼料：可以往前移幾公分，遠離狗狗的前爪；也可以往後移到牠的前腿之間，貼近牠的胸部。這時狗狗的下半身會壓下來貼在地上，你家狗狗就趴下啦！狗狗趴下時，給牠飼料作為獎勵。

如果狗狗不趴反站，就重頭再練習一遍。在這個訓練階段，任何責罵都完全不該出現，因為狗狗根本不知道我們想教牠什麼，所以牠還沒做

運用「階梯法」誘導狗狗從坐下轉為趴下。

錯任何事。倒也沒做對任何事就是了，回到動作一重來一遍吧。

動作三、再次坐下

趁狗狗趴下時，說「坐下！」。讓牠聞聞另一顆乾飼料，然後把飼料往上、往後移到狗狗頭上。你家狗狗會撐起身體坐起來。你可能需要在狗狗頭頂晃動飼料或拍手，激勵牠坐起來。對於像「一袋馬鈴薯」的大型犬種，飼主可能要付出更大的熱情和心智力量來鼓舞狗狗。所以嗨起來吧！當然，你家狗狗一坐起來，就給牠飼料作為獎勵。

動作四、站起來

讓你那隻坐著的狗狗聞聞另一顆乾飼料，說「站起來！」，然後把飼料往前移，遠離狗狗，記得移動飼料時保持在狗狗鼻子的高度，方向則與地面平行。你家狗狗會站起來，牠一站起來，你就稍微放低飼料讓牠低頭看，否則牠可能會再次坐下。不過也別放得太低，否則狗狗很可能會趴下。等狗狗穩穩地站好了，就把飼料給牠吃。

動作五、再次趴下

趁狗狗站著時，說「趴下！」。拿一顆飼料放在狗狗兩隻前爪中間的地上，等狗狗低下頭後，再慢慢把零食往後移到牠兩條前腿中間，牠的臀部會往下垮。要是狗狗往後退，選一個牆角進行練習。這是難度最高的姿勢變換，所以務必要有耐心、堅持下去。記住，第一次永遠是最難的。等狗狗成功做過幾遍後，就易如反掌了。

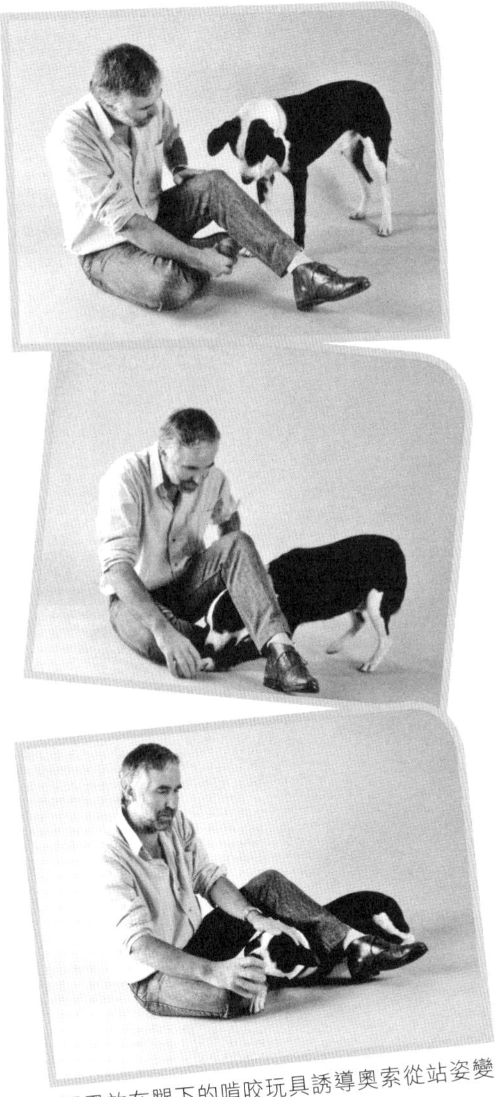

運用放在腿下的啃咬玩具誘導奧索從站姿變換為趴姿。

動作六、再次站起來

說「站起來！」，拿另一顆乾飼料，從狗狗鼻子前斜斜地往上、往前移，狗狗就會站起來了。你可能得晃動飼料激勵狗狗站起來。等狗狗一站起來，誘導牠眼光稍微往下移，以免牠又坐下，等牠穩穩地站好了，把飼料給牠。

坐下／趴下／站立連續動作

隨機變換這些姿勢的順序，或直接採用下列易於記憶的測試順序：

- 坐—趴—坐—站—趴—站
- 坐—站—坐—趴—站—趴
- 趴—坐—趴—站—坐—站

每次至少有三種姿勢在變化，以增加狗狗學會聽口令的速度。如果我們只交替命令狗狗做兩種姿勢，例如坐下和趴下（「狗狗版的伏地挺身」），狗狗很快就會對無止境的重複動作感到厭煩了，而且還會預測下一個口令，而不是仔細聽你的指示。舉例來說，狗狗很快就學到牠如果是坐著，下一道命令一定

就是「趴下！」。下令時不停變換順序，才能增進狗狗的注意力和集中力。

只有在第一輪訓練時，狗狗每換一個姿勢就給牠一顆乾飼料做獎賞。到第二輪時，每做兩個動作才獎勵牠一次，再下一輪是每三個動作，以此類推，直到狗狗願意為了一顆飼料做完整套六個動作。多練習幾遍，你就能用僅僅一顆乾飼料讓狗狗連續做完好幾套動作，但不管任何時候都別叫狗狗一次做完超過五套動作，還有，把食物獎勵留到狗狗表現得特別精神抖擻時。

每天重複以上連續動作至少五十遍，直到你和狗狗搭配得天衣無縫。**千萬不要一次做完五十遍**，那樣會讓你家狗狗膩到變呆。此外，如果你只在單一訓練時段中做這項練習，會培養出只在訓練時段聽話的狗狗，例如在廚房裡等著吃晚餐的時段。若想教出任何時候都靠得住的狗狗，你必須隨時隨地在各種情境下訓練牠。

完成這項目標最不費力的方式，是把訓練融入日常生活中。試試在以下時候叫狗狗過來做一輪動作：每次你打開爐子、打開冰箱、泡杯茶、去廁所、時鐘報時、翻閱雜誌或書籍或報紙、看電視的廣告時間，還有任何你想到的時候。同樣的，蹓狗時也可以隨時做一輪練習：套上和脫下狗狗的牽繩前、經過房門或柵門時、看到另一隻狗或另一個人時、經過路燈或消防栓時、過馬路之前和之後，還有任何你想到的時候。你會發現每天做幾百遍迷你訓練輕而易舉，而且你的日常作息不會有太大的改變。此外，當你家小狗進入青春期，你會發現訓練良好的狗狗不會對你的日常作息造成太大的混亂。

食物好好用，為什麼要戒掉？

你或許沒發覺，但我們先前一直把食物當成兩種極為有效的工具：引導狗狗轉換不同姿勢的誘導物，以及獎勵狗狗迅速轉換為你要的姿勢，藉此增強牠做出正確回應機會的獎勵品。

當然，在不強迫狗狗的前提下，食物是激勵狗狗展現各種回應的最佳誘導，對多數狗狗而言也是很有效的獎勵。運用誘導獎勵進行訓練時，尤其是把食物兼作誘導和獎勵的訓練，無疑能以最快速、簡單、有效、愉快的方式，完成訓練的頭兩個階段：一、教導狗狗指令的意義；二、教導狗狗指令與牠何

不管任何訓練，食物始終可以當作偶爾出現的獎勵，但狗狗服從的意願不應該建立在「有沒有食物」上。

干。

然而，由於在第一章提及的性情訓練中使用零食無所節制，使得很多飼主在做服從訓練時也受到食物效果的誘惑，結果有二：

- 戒不掉拿食物當誘導的習慣
- 給予太多食物當獎勵

飼主很快就依賴拿食物當誘導，他們覺得沒有食物狗狗就不會聽話。果不其然，狗狗很快就變得要看到飼主手裡有食物才肯聽話。同樣的，在訓練時給予過多獎勵，也會快速削弱獎勵的價值，養出一隻「寵壞的狗狗」。

食物引導和獎勵在訓練中價值非凡，如果完全不用的話，對狗狗並不公平，對你來說也是自討苦吃。不過到了服從訓練階段，訓練日誌待辦事項的第一條，就是在狗狗做出正確回應後，立刻開始逐步淘汰食物；所謂的立刻，是指狗狗第一次坐下之後就要開始！因為很顯然沒人想隨身攜帶一大包狗零食，好讓狗狗能聽命服從。

不管任何訓練，食物始終可以當作偶爾出現的工具——狗狗偶爾有超凡表現時的特殊獎勵，或是教導任何新練習的不敗誘餌。不過最重要的是，狗狗服從的意願不能建立在你有沒有食物或其他誘導獎勵物之上。

用「狗狗更想做的事」替代食物獎勵

狗狗必須深信牠想要服從，而方法是教牠我們的指令與牠何干。否則的話，幼犬期最初的戲劇化學習爆發力，將以同樣戲劇化的程度忘得一乾二淨。而且就算狗狗懂得我們指令的含義，並不代表牠就一定會回應。

對多數狗狗而言，食物是很好的獎勵，但別的時候效果卻可能打折，例如當狗狗寧可找別的狗玩耍時。你可以藉由把訓練融入狗狗的日常生活中，逐步淘汰食物獎勵，替換為與狗狗的生活更相關、更有價值的獎勵。這樣一來，狗狗就會懂得我們的要求與牠何干，而且主動想要服從。

在訓練的第一階段（教狗狗指令的意義）裡，把「以食物引導」替換成口令和手勢。一旦狗狗學會口令和手勢的意義，你就不再需要用食物誘導牠回應了，因為「坐下！」這個詞本身已經成了口語誘導，而誘導物（手）的移動成了手勢。在訓練的第二階段（教狗狗聽懂我們的指示與牠何干）裡，則要把食物獎勵替換為更有價值的生活化獎勵。

打從一開始就把「只用食物引導」練習，改為「只用食物當獎勵」練習。你家狗狗很快就會學到兩件事：第一、就算你手裡有好料，牠也未必吃得到；第二、有時候牠做出正確回應可以得到零食，即使你手裡本來沒有零食。

教指令意義時，逐步淘汰「以食物引導」

把零食裝在上衣口袋裡，手裡不拿食物，要求狗狗坐下，假裝你手裡拿著食物並移動你的手。由於你先前練習時手裡都拿著食物當誘導，狗狗已經學會注意看你的手（誘導）移動，現在這動作已經成為手勢了，所以雖然你手裡空空如也，狗狗還是很可能隨著你的動作坐下。狗狗一坐下，你就大力稱讚牠，並迅速掏出一顆零食給牠當獎勵。練了幾遍之後，「坐下！」這詞就成了誘導口令，因為狗狗現在已經懂得這個詞的含義，會依命坐下。

請隨時謹記在心：對狗狗來說，回應手勢永遠比回應口令來得容易許多。觀察與回應肢體語言是狗狗駕輕就熟的天性，譬如動耳朵、搖尾巴、身體姿勢，或是我們現在在進行的人類手勢。如果你家狗狗對口令沒有回應，請幫牠一把，立刻做出手勢。若必要，可以拿另一種誘導物來輔助手勢，例如網球、會唧唧叫的玩具、啃咬玩具、狗碗，或是任何狗狗珍視的物品，狗狗會用鼻子、眼睛或耳朵追著它跑。

晚餐時光是另一個練習機會。替狗狗準備好晚餐後，把狗碗放在桌上。給狗狗一個手勢或口令，要牠坐下或趴下，狗狗聽命照辦後，讚美牠，並從碗裡拿一顆乾飼料給牠。要是狗狗沒回應，沒什麼大不了的，把狗碗放回桌上，等一會兒再試一遍。你家狗狗很快就會進入狀況，因為我們擺在牠面前的選項很單純：坐下換晚餐，或是不坐下也沒晚餐。狗狗不但會變得習慣配合手裡沒有食物的你，也會開始明白聽到命令時乖乖坐下與自己何干。

記住，所謂的控制障礙——狗狗要看到你手裡有食物才肯服從——起因並對狗狗來說，回應手勢比回應口令來得容易，因為觀察與回應肢體語言是狗狗駕輕就熟的天性，譬如動耳朵、搖尾巴、身體姿勢等。

不是狗狗知道你沒有食物，而是因為你知道自己沒拿食物，先失去了成功的信心，所以連試都不敢試。做就對了！要有壯士斷腕的決心，請勇敢地戒除以食物引導。

教關聯性時，逐步淘汰「用食物當獎勵」

❶加長連續動作：

在訓練剛開始時，狗狗坐下一次就足以換來一顆飼料，但在接下來的訓練中應該就不夠了吧？我們希望狗狗在訓練過程中愈來愈進步，所以每重複一輪變換動作，都要要求牠做到更多來換取相同的食物量。打個比方就是：以四歲孩童來說，算出二加二等於四理當獲得一張金色星星貼紙，但若換成四十歲的數學教授，就絕對不會只因為這個算式而獲得金色星星了。你家狗狗也一樣。你在給予讚美和獎勵時要有鑑別力。

一旦狗狗懂得熱切而快速地坐下來換零食，下一回就可以要求牠多做一點了——牠要先坐下再趴下，你才給牠更小顆一點的飼料。接下來，要求牠坐下、趴下、再坐下，然後給牠更小顆的飼料。隨著訓練成果慢慢進步，你也慢慢加長連續動作，也就是讓狗狗做完愈來愈多個動作，你才給牠愈來愈小顆的飼料。假設性的期望值終點差不多是：狗狗願意不求回報地順從無限多道命令。

你可以做一場終極實驗：把食物當誘導（不拿來獎勵），看看你家狗狗要做多少個狗狗版伏地挺身（交替坐下和趴下）才會放棄。舉例來說，黃金獵犬幼犬（我深信牠們剛出生就能叼著啞鈴坐著不動）平均會做十下伏地挺身（等於是二十次回應），來換取僅僅一顆飼料！

❷延長維持時間：

除了增加回應數量外，也要增加狗狗持續回應的時間，然後牠才能獲得獎賞。別急著把食物往狗嘴裡塞，你延遲給食物的時間愈長，你就能獲得愈多注意力。命令狗狗坐下，但延後僅僅兩秒再給牠零食。

訓練初期的撇步是，你邊讚美狗狗邊讀秒——「乖狗狗，一秒。乖狗狗，兩秒」，講完再給飼料。下一回，把維持時間延長到三秒，再給飼料、啃咬玩具或骨頭；之後的練習則延長到五秒、八秒，以此類推。

如果狗狗待不住，你也用不著責罵，因為牠還不懂我們想做什麼。沒什麼大不了的！你只要重複要求（搭配手勢）牠坐下，牠一做出正確姿勢你就稱讚牠，然後再重頭開始。狗狗可以儘量在你跟前裝瘋賣傻，但是只要牠沒做出你要求的姿勢並維持你要求的時間，牠就得不到零食。狗狗很快就會學到「待著不動」才是最快拿到獎賞的方式。

不過，要是狗狗一連失敗三次，就中止這部分練習吧，顯然難度太高了。訓練狗狗和玩撲克牌有個共通的重要策略：輸面太大就別繼續玩了。還有一點很重要，那就是每次都要有個好的結尾，所以……坐下來，冷靜一下，再試一遍，但改用比較簡單的姿勢（例如坐下）以及維持比較短的維持時間（例如兩秒而不是八秒）。

全家人一起來比賽，看看誰能撐最久才把食物賞給狗狗。要堅持下去。假以時日，狗狗就能扎實地坐下維持三分鐘，換取扎實的骨頭了。

重複以上流程練習趴下和站立。練習坐下／趴下／站立連續動作時，試試把其中幾個快速變換的動作，改成某幾個動作維持不同長度的時間。例如：坐下，趴下—維持（十五秒），坐下，站立，趴下，站立—維持（三秒），坐下—維持（十秒）。

❸強化差異：

一旦狗狗願意為一顆飼料連做好幾個回應，例如一次獎賞可以做十個動作，或是一次獎賞可以維持二十秒，那麼究竟什麼時候是給予獎賞的最佳時機呢？顯然是表現較好的時候。獎勵訓練要發揮效力，關鍵就在狗狗有好的表現才能獲得獎賞，表現最好的時候才能獲得最好的獎品。套用共同創作喜劇的吉伯特與蘇利文的著名句型：讓獎賞符合功績吧。

替狗狗每次表現打分數，然後論功行賞。你要當個嚴格的主考官，要堅持看到水準以上的表現，才「考慮」給狗狗一點點獎賞。等狗狗發現只有牠回應良好時才有回報，牠會努力改進的。

❹生活化獎勵：

一旦你家狗狗能為一顆飼料做出長時間動作，改用短訓練讓牠練習「戒掉」食物獎勵，並替換成其他更有價值的獎勵。舉例來說：你叫狗狗坐下、趴下、再坐下，大力讚美牠、摸牠，然後跟牠說「去玩吧」或「撿球來」。如果必要的話，可以暫時恢復食物引導。

在缺乏分心事物的環境下，剛開始訓練時拿食物當獎勵很適合。不過在現實生活中，除非你養到卡通裡的貪吃狗，否則食物的效力早晚會減退。你希望狗狗坐下然後得到食物獎賞，但狗狗寧可奔跑玩耍。在這種普遍的生活情境中，「讓狗狗分心的事物」就是唯一有效的獎賞，也就是所謂生活化獎勵。這筆交易很簡單，你家狗狗很快就能理解且欣然接受：「如果你坐下，我就讓你去玩。如果你不坐下，我就不讓你去玩！」關聯性訓練是非常有效、簡單又迅速的訓練方式。

「別碰」、「拿去」和「謝謝」——靈活又可預防護物行為

這三個指令很好用，你可以趁狗狗吃晚餐時輕鬆教會牠。

首先，你先用手餵狗狗吃前幾口晚餐，這樣牠就知道要細嚼慢嚥，接著你就能教牠「別碰！」和「拿去！」指令。「別碰！」的意思是先別碰食物，直到聽見「拿去！」。你一開始就要訓練狗狗，讓牠知道那些食物最終都會給牠，只要牠在逐步拉長的時間裡先不碰食物。目前為止，最好的訓練法是大力讚美牠中止或完全不碰到食物。

先餵狗狗吃兩顆乾飼料，再用拇指和食指牢牢捏住第三顆飼料。讓狗狗聞聞它、舔舔它，但你說「別碰！」。讓狗狗盡情努力叼走你手裡的飼料，牠想花多長時間都隨牠；牠終究會放棄，退開牠的狗鼻子。狗狗離開你手的下一瞬間，你就說「拿去！」，並讓飼料落進你另一隻手的掌心餵牠吃，這樣狗狗就因停止接觸而獲得獎勵了。

重複這過程幾遍。下一次，試著多等幾毫秒停止接觸的時間再餵牠吃。再下一次，在狗狗停止接觸後等上足足一秒。再下一次，停止接觸後等兩秒。只

要狗狗沒有舔或伸腳掌撓，你就不停地讚美牠「乖狗狗，一秒。乖狗狗，兩秒」，之後再說「拿去！」。現在試試停三秒，再來五秒，再來八秒，以此類推。

狗狗一旦明白「別碰！」不表示牠完全不准碰食物，只要等到「拿去！」口令出現，牠非但能得到飼料，還可以獲得很多讚美，甚至還可能額外獲得美味零食，那牠就會信心倍增。

先從極短的時間開始

只要狗狗學會不碰食物，哪怕只是等個兩秒，你接下來的成果都會突飛猛進。祕訣在於先從極短的時間開始，讓狗狗在訓練中有個成

「別碰！」

「拿去！」

功的開始。如果你家狗狗在禁止碰食物的時間裡用鼻子或腳爪去搆，你只要重複「別碰！」口令，再重頭讀秒。狗狗會學到，能最快吃到零食的方法，就是完全別去碰它。

要是狗狗撲上來硬搶，你要緊緊捏好飼料，大聲說「好痛！」，再以受傷卻又帶著權威的語調重複一遍「別碰！」，並重新開始讀秒。總之，無論如何都別讓狗狗吃掉食物，別讓牠硬搶成功。你不需要體罰狗狗，甚至不需要大聲罵牠。你只需要讓牠知道牠弄痛你了。而且你務必要讓狗狗知道牠弄痛你了。這次用輕柔、拖長的語氣說「輕—輕的」，然後再命令狗狗拿去。如果狗狗啃你的手或咬痛你，你就用手餵牠吃整頓晚餐。你一定要立刻解決嘴勁問題，如果你現在就覺得不太妙了，等狗狗進入青春期更有你瞧的。

如果要教「謝謝！」，先用對狗狗來說稍有價值的物品，比如一根木棍、啃咬

盡責的達特獻上爸爸的拖鞋來換食物獎勵。

玩具或是乾掉的舊骨頭。當狗狗在啃骨頭時，你說「謝謝！」，一手拿著超級美味的零食，另一手握住骨頭，說「拿去！」並送上零食。等狗狗吃掉零食後，你說「別碰！」，送上骨頭等個幾秒，再跟狗狗說「拿去！」。重複這套流程幾遍，再用更具價值的物品練習，譬如多汁的骨頭、狗碗或面紙盒。

靈活又好用的口令

做過以上練習後，狗狗會迅速發展出對人類的信心，不介意人類靠近牠們珍視的物品。事實上，多數狗狗覺得這種練習太棒了。我們不妨把狗狗的想法擬人化，牠們或許會把「謝謝！」解讀為飼主想要幫牠們拿著淡而無味的舊骨頭，替牠們保護它，讓狗狗能安心大嚼超級美味的零食。

「別碰！」、「拿去！」、「輕輕的！」和「謝謝！」可以應用在許多狀況，妙用無窮。「拿去」能鼓勵膽小的狗狗從陌生人手裡接受零食或玩具；「輕輕的！」指導狗狗如何從不熟的小孩手裡取食，以及如何跟貓咪或害羞的狗狗玩耍；此外，「別碰—拿去—謝謝」三段式口令很適合當作入門課程，為之後的拾物練習做準備。

你偶爾可以單獨使用「別碰！」這個口令，也就是說完「別碰！」之後就結束了，不再接著說「拿去！」。「別碰！」這個口令在以下狀況很好用：別碰嬰兒的尿布、嬰兒、鄰居的小兔子、死掉的烏鴉、不明排泄物、響尾蛇、害怕的狗或兇猛的大狗。這口令也可以警告蠢蠢欲動想挑釁的狗狗別惹別的狗。

你可以用「謝謝！」來取走已經被狗狗據為己有的物品，例如面紙盒、光碟片或星期天大餐要用的腿肉。你說「謝謝！」，讚美狗狗，然後命令牠去取來適當的啃咬玩具。

「別碰！」可以結合以食物引導的訓練活動，預防狗狗的口水流滿你手。舉例來說，你晃動食物激勵狗狗熱切地貼近你隨行時，經常會讓狗狗興奮過頭，想要硬搶食物。如果你責罵狗狗隨行時把鼻子湊上去或用嘴叼，你也等於在懲罰狗狗隨行的動作。狗狗很快就會覺得隨行不好玩了。你應該平靜地說「別碰！」，然後快速地晃動食物，讓狗狗主動隨行。

「靜下來」——愈早教會狗狗愈好

學習如何把小搗蛋「關機」是服從訓練中最重要的技巧之一。

養到一隻彷彿裝了金頂電池的狗狗，會讓你愈來愈吃不消，因為你發現狗狗的速度和耐力與日俱增。你能忍受狗狗的先決條件，是牠好歹能有某些靜下來的時刻，而且最好是你選擇的時段。

先練習在你身邊「靜下來」

從一開始就建立這種狀態吧。每天給狗狗繫上牽繩好幾遍，讓牠靜下來待個五分鐘、半小時，由你決定。「靜下來」的意思是安靜地待在同一個位置，舒舒服服地躺下來。你可以讓狗狗自由選擇是要癱躺、蜷成一團、側躺、仰躺或做出正統的「人面獅獸」趴姿。你必須盡早教導狗狗：我們需要「安靜的片刻」。

為了記得定時做這項練習，把它融入你的日常活動中是不錯的方法。舉例來說，每個家庭成員每天都應該叫狗狗在他們身邊靜下來待著好幾遍，每當他／她看報紙、用電腦、看電視、煮晚餐、吃晚餐或上床睡覺的時候。簡單的做法是為狗狗繫上牽繩，或拴在勾子上。狗狗最初可能會躁動和吵鬧，不過只要持續個幾天，牠就會很快進入狀況。

一開始先讓狗狗緊貼在你身旁待著，但之後要練習讓狗狗和你隔著一段距離，或待在不同房間。有個好用的撇步是把靜下來的要求結合「去做……」指令，叫狗狗去牠的墊子（或狗窩、睡籃、狗屋、狗籠、拴勾處……等等）靜靜地待著。姑且說是叫狗狗去墊子上好了，你下令後拿著零食帶牠去墊子，等狗狗躺下來就餵牠零

一開始先讓你家狗狗緊靠著你靜下來待著。

食。年齡很小的幼犬學習地點指令又快又輕鬆，而且假如狗狗的睡籃（舉例而已）總是放在相同的位置，狗狗要不了多久就能學會「去你的睡籃」這道命令了。只要狗狗待著不動，你就不時稱讚牠、撫摸牠或偶爾賞牠零食。要是狗狗想動，你只要重複「去你的墊子」和「靜下來」指令就行了，而且這次你要靠近牠一點來控制牠。

墊子和籠子特別好用，因為這類物品搬運方便，帶狗狗出門旅行時也是得力工具，可以放在汽車旅館、避暑小屋或祖母家。你可以輕易把狗狗的墊子往地上一鋪，或是擺上牠的籠子，叫狗狗靜靜地待在定點，你則無後顧之憂地從車裡搬出行李。

到戶外練習「靜下來」

靜下來的指令使得即便是極為桀驁不馴的小搗蛋（或大麻煩），在家裡都會受你掌控。不過，狗狗的辨別能力很強；你教牠們什麼，牠們就學會什麼。如果你教牠們在家裡要靜下來，牠們到了公園或獸醫院候診室還是會像個瘋子。所以你勢必要在家以外的地方做這個練習。

比方說，訓練狗狗在散步途中靜下來。你可以帶一份報紙或一本小說，每走到一個街角就叫狗狗靜下來，讀個兩頁小說再繼續往前走。在讓狗狗興奮的散步中穿插短暫安靜的片刻，是教狗狗靜下來的好方法，不管周圍有多少讓牠分心的事物。此外，每次短暫安靜的片刻都能藉由重新開始走路獲得增強，也就是說，你現在可以一遍又一遍用散步當作良好表現的獎勵。（否則的話，你很可能只會把散步當獎勵用個一遍，結果無意間增強了狗狗瘋狂的行為，而狗狗瘋狂是因為看到你戴上帽子、穿上外套或伸手拿牽繩等蹓狗預備動作。）同樣的，狗狗在家或在公園玩耍時，你也要每隔一陣子就命令狗狗靜下來，暫停片刻再繼續玩。

避免強迫狗狗一次靜下來好幾小時，這樣會剝奪狗狗的樂趣；你應該經常練習在狗狗興奮時讓牠冷靜一點，這樣你就能學會如何在必要時「讓狗狗關機」。如果你能說服心不在焉、玩興正高的狗狗靜下來，哪怕只能維持三十秒，你都能輕易練到讓狗狗靜下來好幾分鐘。最難的部分其實是一開始讓狗狗靜下來，而不是維持靜下來的狀態。所以，請在散步或玩耍時一再要求狗狗安靜片刻，重複很多遍。寓教於樂是建立可靠度的祕訣。

「維持」——適用於短時間

「維持」口令和「靜下來」不同。「靜下來」指的是安靜地在定點等待，不過身體姿勢不受限，怎麼舒服就怎麼擺。「維持」則是指依照命令在同一個位置維持特定姿勢。

「靜下來」和各種「維持」命令都可以有效應用在很多狀況。「靜下來」或「等待」一般用在家裡、野餐、車上或獸醫院候診室這種需要等待較長時間的狀況；「維持」則用在較短的時間。「坐下—維持」在你打開前門、下車、向人打招呼時很好用；「趴下—維持」能讓你在狗狗遇上喧鬧的小孩或膽小又兇猛的狗時有效控制住牠；「站立—維持」和「砰砰」（見二五一頁）則是狗狗上美容院或在獸醫院接受診察時的利器。

好的「靜下來」指令是教導特定維持動作的基礎。一旦狗狗學會在特定

位置待著不動，要教牠維持特定姿勢就簡單多了。此外，在教牠禁止性的「別碰！」口令時，你可能已經發現狗狗會自動靜下來，或自願表現相當標準的「站立—維持」、「坐下—維持」和「趴下—維持」。同樣的，有些家庭成員也已經在「延長維持時間」的練習中，激勵狗狗展現了時間頗長且扎實的維持動作。

教導「維持」的祕訣在於：

- 從時間極短的維持開始練起，讓狗狗有個成功的開始
- 狗狗保持正確姿勢時，你要一再獎勵牠

要教「維持」，只要把先前提過「延長維持時間」的時間再拉長就行了。先從時間極短的維持開始練起，讓狗狗易於達成目標並獲得獎賞。一定要很慢很慢地逐步拉長維持時間，不要逼

廣告時間命令鳳凰坐在電視前方，可以輕易盯著牠在「坐下—維持」時有沒有把頭低下去。

得太緊，害狗狗失敗。那樣你會很懊惱，狗狗也可能遭受處罰，這對你們兩個來說都不公平。訓練應該是很愉快的學習經驗才對。

正確的「維持」教法

悲哀的是，有些人在教「維持」時做錯了所有的事。他們像訓練新兵一樣指揮狗狗，強迫牠擺姿勢，在牠保持不動時惡狠狠地盯著牠，吝於說出任何感謝之詞，同時又把狗狗逼得更緊，把狗狗逼到失敗邊緣，然後終於出現預料之中的結果：可憐的狗狗維持不住，被責罵不說，飼主還動手逼牠恢復原本的姿勢。老天啊，要是你很想找個東西來處罰，去處罰石頭吧。但假如你想教會狗狗「維持」，咱們就得用公平正當的方式進行。

雖然狗狗在「維持」時看起來沒做什麼，實際上牠可是長時間地抑制了自己的動作，對任何狗狗來說（尤其是幼犬），這是很了不起的成就。所以狗狗理應為牠的努力得到很多讚美和獎賞。雖然這對狗狗而言是種禁制性指令，不過對你而言，初階維持訓練應該是積極的教學。為了吸引狗狗的全副注意力，你也必須把全副注意力放在牠身上。若想迅速教會牠維持，你就要全力監看狗狗並持續給予回饋——「來福，坐下—維持，做得很好喔」，這樣的回饋傳達的資訊共有四項：

1 讚美
2 狗狗的名字
3 具體的動作名稱
4 這道命令的核心概念——維持

❶「乖狗狗」（讚美）

間歇性的讚美讓狗狗明白目前為止牠表現得很好。這一點在訓練初期格外重要，要經常為狗狗做對事情而給予讚美和獎勵。

舉個例子，狗狗維持了十五秒就亂動，如果你只是沉默地觀察狗狗維持動作，卻在牠維持不住時責罵，狗狗會學到維持是件討厭的事，因為維持十五秒會換來懲罰。不過要是你每三秒就讚美狗狗一次：至少牠有十二秒的維持時間獲得了回報，然後你再溫柔責備狗狗沒有繼續維持。這樣一來，狗狗就會學到維持是好事，維持不住是壞事。這樣子我們才算有點進展。

懲罰本身會帶來不良後果，讓狗狗的維持變得不穩定，也會破壞狗狗對你的信任。相對而言，每次獎勵都能增強特定維持姿勢，也能建立狗狗的信心，讓牠願意接納偶爾出現的指示性責備，並從中學習。

當然，對幼犬來說，在牠懂得維持的意義和關聯性之前，你完全不應該責罵牠。你只要再次要求牠坐下，讓牠用較簡單的姿勢做兩次短時間維持（譬如六秒和八秒）。狗狗不動時你要一直讚美牠，當牠成功完成短維持時賞牠一顆飼料。接下來，再試試較長的十五秒維持。

❷「來福」（狗狗的名字）

在所有指令的句首加上狗狗的名字，能讓狗狗明白指令的對象是牠，而不是飛多或傑米。狗狗有名字嘛，我們就要多用：「來福，坐下」、「來福，趴下」、「來福，坐下—維持」、「乖狗狗，來福」、「來福，坐下—維持，做得很好喔」。

❸「坐下」（具體的動作名稱）

同時教三種以上的維持姿勢時，有一點非常重要，就是在命令中重複具體的姿勢名稱，以我們這裡的例子而言，就是「坐下」。否則你家狗狗可能會感到困惑。狗狗若是待在同個位置卻變換了姿勢，或是朝你奔來，都表示牠是隻困惑的狗，卻依然想討你歡心。同樣的，中斷維持跑去和其他狗玩，也絕對表示牠是隻困惑的狗，即使牠選擇的是討牠自己歡心。總之，這兩種困惑的狗狗都還訓練不足，回頭重新練起吧。在之後的訓練中，「坐下！」將發揮指示性的責備作用，回應狗狗打破了維持。

❹「維持」（此命令的核心概念）

幾乎每個人都會把「維持」掛在嘴邊，講得也夠多了。只是別用喊的，也別用威脅的。你不需要命令狗狗，只要用和善勸慰的語氣客氣地要求狗狗「坐下—維持」，訓練良好的狗狗很樂意服從輕聲要求的。當然，我們好聲好氣地向狗狗提要求，不表示牠可以選擇不聽話。一旦訓練完成，要是狗狗又打破維持，就要受到責備了。

多次短時間練習，遠勝於一次長時間練習

在維持狀態下，我建議你堅持狗狗要集中注意力看你。不過要是你不專心，狗狗也不會專心的。如果你容許狗狗的注意力亂飄，狗狗也會亂飄。初期的維持訓練對任何訓練者來說，都是很積極、嚴格、疲累的差事，所以要適可而止。練習很多次短時間維持，然後就放狗狗去玩（「狗狗，去玩吧」）、去放鬆。很多次短暫而成功的維持，將帶來熱切的狗狗和快樂的飼主，遠勝過一次又長又枯燥又不成功的維持所創造出來的疲憊又困惑狗狗，以及心力交瘁、牢騷滿腹的飼主。請牢記在心。

一旦狗狗精熟三十秒的坐下及趴下維持，你就可以在牠犯錯時輕聲責備了。不過你要確保責備來得即時且具指示性。例如：狗狗才剛考慮打破坐下─維持，你就立刻跟牠說「坐─下！維─持─」，語氣要堅決，並搭配坐下的手勢來強調。這是指示性責備，能在最短的時間內傳達兩項重要資訊：語氣和提高的音量讓狗狗知道牠快要犯錯了，字句的內容則讓狗狗知道該如何彌補。狗狗重新穩穩坐好並維持的那一刻，你要馬上重新開始讚美牠。講話輕柔、放慢速

度，都能幫助狗狗平靜並維持姿勢。

如果狗狗注意力亂飄，指示性責備「**坐下！**維持」，則是目前能讓你家狗狗回到軌道上的最快方法，而且也是最仁慈的責備。伸手拉狗狗項圈要花時間，走回狗狗面前再拉牠項圈要花更長時間。而且這種延遲的懲罰並不能懲罰狗狗打破維持，反而是懲罰了狗狗待在原地，讓你能走過去揪牠項圈。要不了多久，狗狗就不會再待在原地或任由別人揪牠項圈了。這下我們的狗既不維持姿勢也不維持位置，而且還變得怕手，真是壞消息！還是使用指示性責備吧。

如果狗狗聽到指示性責備後沒有立刻坐下：

扎實的「坐下—維持」讓對汽車瘋狂的狗狗保持平靜。

●短期回應：快速但輕柔地用雙手握住狗狗下巴底下的項圈，慢慢把牠的吻部往上抬，同時低頭盯著牠的眼睛。狗狗抬頭看你時就會坐下了。請記住，一旦抓住狗狗的項圈就千萬別鬆手，直到牠恢復你要牠做的姿勢為止。如果你伸手抓牠項圈時，狗狗退縮、停在原地、低頭迴避或是跑開了，那就暫時停止維持訓練，回頭重溫「建立信心」練習（見五十八頁），以立即消除狗狗的怕手反應。狗狗為什麼怕手？照照鏡子吧，你會看到答案。

●長期回應：回頭教你家狗狗「坐下」口令的意義和與牠何干。

如果因為距離太遠，你無法快速抓到狗狗的項圈：

●短期回應：一邊重複指示性責備，一邊盡快接近你家狗狗：「坐下！……坐下！……坐下！」並且在狗狗恢復特定維持姿勢時立刻讚美牠。

●長期回應：進行接下來十幾次維持訓練時，你要按兵不動，別遠離狗狗，直到牠精熟有你在身邊時能做到長時間維持。

如果狗狗犯了錯，而你還試著重複同樣的練習，那麼狗狗犯同樣錯的機率極高。別害你自己（和狗狗）落入失敗深谷。最重要的是，你要進一步加強狗狗的心理素質，才能再度走遠，並期待牠保持原本姿勢。

在各種環境裡做練習

造成狗狗打破維持的可能因素有幾種：

- 維持的時間長短
- 讓牠分心的事物等級高低
- 飼主離開
- 飼主返回

即使飼主待著不動，維持的時間和讓狗狗分心的事物等級都可能增加。別妄想遠離狗狗，除非牠能在極度分心的環境裡表演裝死維持長達數分鐘。

先在極靠近狗狗的位置訓練（繫上牽繩以防萬一），並提供讓牠分心的一般事物：拍拍手、跳踢踏舞、拍網球、把食物放在狗狗剛好搆不到的位置……等等。接著召喚援軍，家人、朋友，特別是小孩子，請他們跑步、蹦跳、

跳舞、笑鬧、尖叫、青蛙跳、學怪獸走路，總之做一些愚蠢的動作，盡情樂一樂。接著到遊樂場或籃球場、其他動物附近和繁忙的人行道上練習。最後，在狗狗玩樂時間裡練習維持。一旦飼主「近在眼前」時狗狗能做出扎實穩定的維持動作，要教牠遠距離維持就容易多了。

遠離狗狗之前，先讓狗狗習慣你在移動。試著繞著牠走，做一些突如其來的愚蠢動作，跳啊、爬啊、跪啊、躺啊、翻滾啊，確定狗狗穩如泰山。要從狗狗身邊走開時，一開始只後退一步，眼光銳利如鷹地盯住牠，持續安慰牠和讚美牠「來福，坐下——維持，做得很好喔」，然後快速回到狗狗面前，給牠一顆飼料。重複這流程很多遍，逐漸增加你離開的距離。

在室外練習時，假如距離超過幾公尺，你可以把狗狗用牽繩拴在樹上、讓另一個人握著牽繩，或使用長繩子或可收回的伸縮牽繩。不管你做什麼安排，一律讓牽繩貼地。牽繩是安全措施，目的是預防狗狗朝你跑來或跑開，而不是為了約束狗狗，你的大腦和喉嚨能負責這項工作。

「跟著我」——無牽繩跟隨

從一開始就教狗狗跟隨你到處走的觀念，在屋子裡、花園裡和其他有圍籬或安全的區域練習。跟隨的原則理論上很單純，亦即飼主在前面走，狗狗在後頭跟。不過跟隨練習的實際情況就比較複雜，而且從旁觀的角度看極為逗趣。

在第一次練習中，你很快就會發現，所謂的訓練是一種對等情況，而且多數狗狗訓練飼主的「才能」遠勝過多數飼主訓練狗狗的能力。典型的情況是狗狗展現出領導風範、獨立精神和隨心所欲，而飼主跟隨、等待、站立，最後更試圖用腳尖旋轉以及繞著圈向後走，想要追上狗狗的腳步。

利用飛盤誘導奧索坐在你左邊。

利用飛盤誘導奧索跟隨作右側迴轉。

你得動起來，狗狗才有辦法跟隨你

讓狗狗集中注意力並跟隨的祕訣其實很簡單。你做出適切的命令後（例如「來福，跟著我」），就該從狗狗身邊離開。別在原地徘徊等待狗狗動起來，開步走就對了！出發！衝啊！如果你哪裡都不去，狗狗就沒辦法跟著你走。如果你流連原地，漫無目的地躊躇徬徨，像顆想要落地生根的萵苣，狗狗很快就會覺得無聊而晃到別處去了。你應該快步走，試著甩掉狗狗，你會發現牠像膠水一樣黏著你。

不管狗狗有什麼異想天開的念頭，只要牠快誤入歧途了，你就警告牠「**來福！**跟著我」，並迅速往反方向走。別為了想掩飾狗狗犯的錯而改變你原本的方向，不然牠永遠也學不會。你反倒應該凸顯狗狗的錯誤，像這樣：

- 狗狗慢下來，你就卯起來往前衝
- 狗狗跑在前面，你就慢下來、停下來或轉身往反方向快步走
- 狗狗往左偏，你就右轉並加速
- 狗狗往右偏，你就左轉並加速

如果你帶頭先走，狗狗很快會學會跟隨領導者。只要維持一分鐘積極跟隨，你就放狗狗到處晃，讓牠做一會兒自己想做的事。接著再練習一小段跟隨，然後再讓狗狗主導，以此類推。

年幼的小狗狗天生就會跟著飼主，彷彿有一條隱形的社交彈力伸縮繩將人與狗連接在一起。不過隨著狗狗漸漸成熟，牠會變得較有自信，貼近飼主的需求會降低，也會更有興趣探索環境。就某個角度來看，你要和環境競搶狗狗的注意力。在你家狗狗不熟悉的環境（封閉式的網球場或朋友家後院）做練習，或許可以喚回狗狗貼近你的意願。你必須在狗狗四個半月大之前訓練牠跟隨，因為社交彈力伸縮繩會在牠五個月大時中斷，在那之後就要換半成犬訓練技巧接手了。

玩捉迷藏，學跟隨！

你可以大幅改進你家狗狗沒繫牽繩時對你的專注力，方法是在牠跑得太遠或過於沉迷某個有趣氣味時，你馬上跑開躲起來。多數狗狗一發現飼主不見

讓狗狗集中注意力並跟隨的祕訣其實很簡單。做出適切的命令後，就該從狗狗身邊離開。別待在原地。

了，會急得開始到處找。你可以在藏身處發出奇怪聲音，這樣能增加牠找到你的欲望，也能幫助信心不足的狗狗找到藏身處。你得隨時盯著狗狗，在牠往錯誤方向晃太遠時呼喚牠。多數狗狗很快就學會怎麼玩捉迷藏了，也很容易就能找到飼主。

請確保當你們開心重逢時，你會發出愉快的驚呼並讚美狗狗。少數狗狗完全摸不清狀況，如果你覺得狗狗變得過於焦慮，就趕緊從藏身處現身，愉快地呼喚狗狗。

玩過有趣的捉迷藏遊戲之後，狗狗很快就養成隨時分一隻眼睛或分一隻耳朵留意飼主的習慣。感覺就像是狗狗學會了「一刻也不能把目光從飼主身上移開，否則笨飼主就會迷路，還會發出奇怪的聲音」。請記得盡早開始在你家屋內和花園玩這個遊戲，也絕對要在狗狗四個半月大前到其他安全的戶外場所玩遊戲。除非已經受過跟隨訓練，否則許多狗狗進入青春期後，就完全不在乎飼主在視線範圍內還是跑到月球上了。

「來這裡」——最容易產生問題

呼喚你家狗狗：「來福，來這裡。」讚美牠跨出的每一步，牠到達時用一隻手握住牠的項圈、撓撓牠的耳朵，再用另一隻手給牠個零食。就這麼簡單！多數狗狗不假思索就會朝飼主走去。正常來說，多數三個月大的狗狗會想接近任何有心跳的東西，典型的拉不拉多幼犬會衝到一片落葉前自我介紹。

第一步應該得到最多的讚美

讚美狗狗是一般人類禮貌，用來感謝狗狗具備一般犬類禮貌——順從你的期望。在早期訓練中，很重要的是在狗狗走向你的途中不斷稱讚牠，因為狗狗

練習「來這裡」時，在狗狗朝你跨出第一步時特別讚美牠，先為牠做對的事大大獎勵牠。

也許沒辦法走完全程來領賞。舉例來說，狗狗完成了百分之九十的路程後，卻因為別的事物分心了，牠完成的百分之九十返回路程換不到任何獎勵，但百分之九十已經是不錯的成績了。事實上，以普遍的人性來說，飼主多半不太高興，因此會在狗狗到達時責罵牠。這下子多數狗狗會對這個困境下個簡單的結論：「我乾脆根本別過來了！」狗狗聽到召喚而走完大部分路程，所以牠應該得到大部分的獎勵才對。

別把叫狗狗過來當作非黑即白的回應，並把獎勵留到狗狗走到你面前那一刻。你反倒應該在狗狗朝你跨出第一步時特別加強讚美牠，牠繼續走來時也要持續獎勵牠。這樣下一回牠可能就會完成百分之九十五的路程了。嘿！我們又有了進展！

在狗狗一生中的某個時間點，牠會：

- 朝你走，但看到讓牠分心的事物就跑開了

● 你伸手要抓牠項圈時牠會跑開

● 根本懶得過來

在之後的訓練中，我們會在狗狗試圖跑開時責罵牠，不過若是在初階訓練時就懲罰狗狗，只會減弱牠回應召喚的意願。而且如果我們沒有先為狗狗做對事情而讚美牠，就為牠做錯事情而責備牠，這是很不公平的事。所以你要在狗狗朝你走來的一路上不停讚美牠，如果狗狗不過來，或是走到半路就轉方向，立刻大喊狗狗的名字吸引牠注意，再迅速跑離狗狗。當牠再次往你靠近，你就立刻稱讚牠。

教出一隻「抓得住」的狗

為什麼要給狗狗零食？這個嘛，因為我們的終極目標仍是把狗狗過來的動作視為非黑即白的回應，而零食的作用就像蛋糕上的糖霜，是狗狗完成練習的特別獎勵。由於你抓住狗狗項圈後立刻給牠零食，牠要不了多久就會滿心期待你抓牠項圈了。這一點本身就是極有價值的練習。每次你抓住狗狗項圈時都給牠零食，能教出永遠都「抓得住」的狗。有朝一日你可能需要緊急抓住狗狗項圈，到時候狗狗將欣然接受。

訓練幼犬聽到召喚就過來很容易，不過這不是重點。你的任務是在這隻狗進入青春期之前把牠訓練好，否則就換牠來訓練你了。

隨著狗狗的成長，牠會依循預料中的發展進程邁向青春期，在訓練場裡變出很多新奇又惱人的怪招。問題可能會接二連三地出現。起初，你伸手要抓狗狗項圈時，牠開始低頭閃躲、止步不前和畏縮。狗狗很想靠向你，但不願意讓你抓牠的項圈。這只是冰山一角，預示後頭還有更嚴重的問題。接下來，狗狗會跑向你，但不願意接近到你伸出手臂能摸到的距離內。牠會隔著一段距離到處跑，大玩「來抓我啊」遊戲。最後，狗狗根本不肯過來了。為什麼？很大的原因是因為僅僅兩、三個月的時間內，你已在不自覺中有效地訓練狗狗聽到召喚不要過來。怎麼會呢？因為你不知不覺間屈服於人性弱點，在狗狗過來時懲罰了牠。狗狗不只是不想靠近你，根本就是不敢。

呼喚狗狗過來後就回家？你會教出「叫不動」的狗

訓練出「叫不來」的狗狗，不見得是因為你責罵牠或體罰牠。幸運的是，很少有人會做這種蠢事；不幸的是，還是有人會做這種蠢事。有些飼主叫狗狗來是為了「表達不滿」，尤其是當他們發現地毯上被尿了一塊或是電話簿被咬爛時。狗狗不需要有愛因斯坦的大腦就能學會，當你用抓狂的語調呼喚牠時，乖乖過去可不會有什麼好下場。不過呢，飼主通常是用更加隱晦而致命的方式，懲罰聽話前來的狗狗。以下是兩種常見的情況——

情況一：你呼喚牠時，狗狗正在公園裡快樂地玩耍或在院子裡東聞西聞，狗狗乖巧而信任地奔向你，你則快速勾上牽繩帶牠回家或進屋。這下好了，狗狗頭腦再簡單也能導出結論，牠發現「來這裡！」表示歡樂至極的玩耍時間要結束了。所以狗狗學到在牠沒繫牽繩玩耍時，偶爾到你身邊瞧瞧多半時候沒有問題，但在聽到恐怖的關鍵字「來這裡！」時，絕對要拚全力避開你。

情況二：狗狗窩在溫暖爐火前的地毯上，心滿意足地沉睡著，而你說「來這裡！」。狗狗從甜甜的夢鄉裡爬起來，看看你要幹嘛，結果你把牠抱起來放進廚房，或是趕到寒冷的屋外，只因為你要出門上班了。狗狗很快學會在家聽到「來這裡！」時，走向你往往帶來被關在廚房裡無聊透頂長達八小時，或是整天坐在門廊忍受刺骨冷雨的下場。

千萬不要把狗狗叫過來處罰

假使你不在家時狗狗在屋子裡大小便，等你看到時再處罰已經太遲了。狗狗不可能把遲來的懲罰和自己的大小便連結在一起，但牠絕對會把懲罰和走向飼主連結在一起，而飼主就是你！你在善後時只要先把狗狗關到屋外就好。還沒為狗狗做好居家大小便訓練之前，如果你不在家，先別讓牠在屋裡自由活動。如果你叫狗狗過來並懲罰牠，你不但還是得為狗狗做居家大小便訓練，同時要修復狗狗受傷的信心，也要重新訓練牠聽到呼喚前來。

千萬不要拿「來這裡！」當控制口令

想讓狗狗停止玩耍或探險並把注意力轉到你身上時，除非你和狗狗已經練就完美可靠、融入生活的召喚默契，否則千萬不要拿「來這裡！」當控制口令。你可以用「坐下！」或「趴下！」這類更簡單的緊急控制口令，等確定狗狗在注意你（因為牠已經乖乖坐好了）後，再說「來這裡！」。可靠的「來這裡！」是最難達成的口令之一，「坐下！」和「趴下！」卻是最簡單的兩種。

千萬不要把狗狗叫過來關禁閉

你可以改用地點口令，像是「去你的籠子裡」、「去你的墊子上」或「去外面」。

清楚區分正式與非正式口令

「靜下來」（安靜而舒適地待在同一個位置）、「跟著我」（跟隨）、「來這裡」（靠近訓練者並讓訓練者抓項圈）和「我們走吧」（繫著牽繩走路，不能拉扯牽繩，但可以自由嗅聞和尿尿），這些都是低層級的非正式口令，用於居家環境和外出散步時。

「維持」（以受指定的姿勢保持不動）、「過來—坐下」（過來面向訓練者坐下）和「隨行」（跟在訓練者身旁走，訓練者停步時坐下）則是中層級的正式口令，讓你能更精確地控制狗狗的活動和姿勢。

教導狗狗低層級、彈性高的非正式口令，能讓狗狗可靠地學會基本的口令概念。等狗狗執行中層級的正式口令時，就能建立更確切的可靠度，通常也會培養出一定的風度。等狗狗變得相當可靠，每次都能服從你的命令，就可以教狗狗展現活力、威風和極致精確度了。

可靠的無牽繩表演是美妙又重要的基礎，有此基礎的狗狗可以參加比賽服從訓練班。試試看，你會樂在其中的。負責訓練狗狗參加行動力試驗（working trial）或服從比賽的教練，會再教另一套口令——最高層級、有組織的口令，能以極精確、可靠的方式控制狗狗。

非正式口令可以為可靠的正式口令打下基礎，在之後的訓練中，你將學會如何在兩種層級間切換。舉例來說，讓狗狗繫著牽繩在家附近街道散步，但每次過馬路時命令狗狗隨行，等潛在危險降低了再恢復非正式控制。

「過來—坐下」—教狗狗回應召喚

若要訓練狗狗「過來—坐下」：

❶呼喚狗狗「來福，過來！」，在牠靠近的全程不停讚美牠。拿著零食伸向前，以吸引狗狗的注意力。

❷等狗狗靠近到只剩兩、三個狗狗身長的距離時，命令牠「坐下！」，接著用誘導手勢引導牠坐下。

❸在狗狗坐下前不要摸牠。（當然，除非牠就快飛逃了，這種情況下最好還是謹慎處理，迅速而輕柔地抓住牠的項圈，以免局面更加惡化。）

❹等狗狗一坐好就抓住牠的項圈，讚美和撫摸狗狗，把零食餵給牠當獎賞。

❶用扯咬玩具誘導鳳凰過來……

❷……然後坐下

以下分別解釋這四個步驟：

為什麼要叫狗狗？

答案很明顯吧！你在這裡，而狗狗在那裡。這個練習的目的就是讓狗狗和你在你所在的位置會合。

為什麼狗狗來了之後要叫牠坐下？

正常情況下，我們要狗狗來是希望牠待一會兒，而不是希望狗狗衝過來踩我們一腳，好像我們是三壘壘包，而牠是奔向本壘的球員，所以我們希望能控制狗狗。「趴下—維持」有點過頭了，尤其對大型犬而言，而「站立—維持」又不夠穩定。坐下是最理想的姿勢。

為什麼狗狗坐下前不能摸牠？

我們不想摸狗狗有幾個原因。

原因一：使用肢體提醒會延後完成我們的終極目標，也就是無牽繩遠距控制。我們希望狗狗學會詞語的意義和手勢，而不是觸碰的意義。當你使用肢體動作提醒狗狗，訓練便成為較漫長而複雜的兩段式歷程。狗狗的確很快就學會被人碰項圈或推屁股時要坐下，但我們要花上長得多的時間才能讓狗狗學會聽到「來福，坐下！」時要坐下。打從一開始就教狗狗「坐下！」的意義比較快，只要一段式教學就行了。

原因二：因為很多時候你都沒辦法碰狗狗。萬一你雙手都沒空呢？像是抱著小孩或購物袋時？或是狗狗完成了大部分路程，偏偏停在你手臂搆不到的位置？你如果不能用口語控制狗狗，就等於沒有能力控制牠了。

原因三：社會化良好的狗狗對飼主很有向心力，需要不時找飼主補滿信心，才敢往未知的世界進行另一場刺激的突襲。只要飼主摸了狗狗，牠就不再缺乏安全感，馬上就可以又衝出去探險。

原因四：雖然優秀的訓練師可以用肢體提示發揮顯著功效，引導狗狗做出希望的姿勢，但換作新手老師或學習力遲緩的狗狗，肢體提示往往不是提醒，而淪為強制力，可憐的狗狗是被又推又拉地擺出姿勢。在充滿強迫的訓練過程中，不難理解狗狗會對訓練產生反感，尤其會排斥人類的手。

原因五：每位家庭成員都必須學習訓練狗狗，但其中有許多人（例如小孩子）既無法有效引導狗狗擺姿勢，也無法強迫狗狗服從。找出全家人都能上手的訓練法是很重要的。

為什麼要在狗狗抵達時抓住牠的項圈？

這項練習的目的是叫狗狗過來（在未繫牽繩的狀態下）並控制牠，那還有什麼比牢牢抓住狗狗項圈更能展現控制力呢？常常在練習中抓住項圈，能讓你在緊急情況下更容易做到這件事。有太多狗狗會熱情地靠向飼主，卻在看到人類伸手抓牠的瞬間拔腿就跑。狗狗逃跑以躲避被人抓住，是因為根據牠過去的經驗，人類的手沒打什麼好主意。所以我們抓住狗狗項圈後，應該要給牠一顆零食。要不了多久，狗狗就會渴望過來坐下，而且迫不及待看到你抓住牠的項圈了。

務必先分開練習兩種口令

在召喚的結尾加上「坐下」之前，先確定你家狗狗已經把「坐下」練得很熟。除非狗狗已經可以隨時聽到口令穩當而迅即地坐下，否則你要分開練習這兩種口令，也就是說，某個時段單練連續動作變換，另個時段練不用坐下的召喚（「過來！」）。

練習時，每當狗狗熱切地回應召喚，隨後卻以草率的坐下、慢吞吞的坐下或完全沒坐下作結，都是讓人大受打擊的殘酷悲劇，飼主往往會責罵狗狗坐姿不完美或強迫狗狗坐下。但如此一來，你不只是懲罰狗狗的坐下未達標準或根本沒出現，也等於懲罰了狗狗聽到召喚乖乖上前。你覺得狗狗會喜歡到你面前自討沒趣嗎？不，當然不會。於是狗狗想出簡單的解決方法：根本不要過去。

差強人意的坐下會迅速毀掉召喚，同時還會毀掉隨行。如果你家狗狗還不會快速、可靠和精確地坐下，就別在召喚牠來之後或隨行時叫牠坐下。

無牽繩隨行──培養狗狗的專注力

不論是繫繩或無牽繩，隨行練習都有個重點：全家人對於狗狗該在哪一側隨行要有共識。狗狗換邊是很不好的事，最後你總會踩到狗狗害牠受傷，或是你被狗狗絆倒而受傷。繫著牽繩時換邊也很危險，要是狗狗繞著你走，牽繩可能就會纏住你的腿，讓你像腳被綁住的小母牛一樣跌個狗吃屎。多數訓練師教大家讓狗狗在左側隨行，因為多數服從競賽規定狗狗須在左側隨行。不過要是你有特殊原因希望狗狗在右側隨行，那也沒關係，只要將下列指示左右對調就行了。

無牽繩隨行的完整一輪練習步驟如下：

❶用「來福，隨行──坐下」口令叫狗狗面向前坐在你左側，並用右手做出拿零食誘導的手勢，幫助狗狗擺出精確的姿勢，這樣至少有助於讓你和狗狗在開始時都面向前方。兩手都拿零食，右手拿一顆零食，預備接下來比出坐下手勢；剩下的零食都用左手拿著，以吸引狗狗隨行。

❷左手放在狗狗鼻頭前搖晃以引誘狗狗、激發牠的興趣，說「來福，隨行」，接著用左手在狗狗鼻頭前從左向右移（隨行的信號），然後快速向前跨三大步。

❸說完「來福，坐下」後，放慢速度，用右手比出坐下手勢，然後站著不動，等狗狗在你左側坐下，立刻給牠一顆零食。你停下來的時候，試著保持面向前方，右手臂橫過身前，伸到狗狗鼻頭前比出坐下信號。這樣一來，狗狗會過來坐在你左側，面向前方，並且準備好做下一輪隨行連續動作。

注意，說完「來福，隨行」後要快步往前走。如果你想看到精神抖擻的隨行動作，那你家狗狗必須學到「隨行」這詞代表動起來。別拖泥帶水、慢條斯理的，讓狗狗一刻都不能

一開始先拿玩具或食物誘導狗狗待在你身側。

鬆懈吧。讓我們效法趾行動物，可不能跟人類一樣拖著腳步慢慢走！要是狗狗在隨行時想玩什麼花樣，你就跟訓練「跟著我！」時一樣，快步往反方向走，讓狗狗犯的錯更加顯眼，讓牠必須匆忙矯正自己犯的錯。

有時候只要把食物當成誘導就好，別當成獎勵，改用讚美或撫摸當獎勵。也可以把食物放在上衣口袋裡，偶爾才拿出來作為優異隨行表現的特別獎勵，空著手移動誘導／手（手勢）或是使用其他誘導物，例如網球或是會唧唧叫的玩具。或者把食物收在口袋裡，從頭到尾都不用，並改用各種不同的誘導物（手、網球）和各種不同的獎勵（讚美、撫摸、「去玩」、「去撿」……等等）。在多數狗狗訓練初期，食物是誘導和獎勵的最佳選項；不過你還是應該盡快淘汰用食物當訓練工具。（可回頭參考一五六頁）

有好的坐下才會有好的隨行

在開始練習隨行之前，狗狗一定要先能快速坐下。要是狗狗還沒學會快速而甘願地坐下，隨行這檔事對你和狗狗都會是椿苦差事。訓練不擅長坐下的狗狗隨行，經常會遭遇教人惱火的時刻，因為你會老是責罵狗狗不乖乖坐下。

反之，要是狗狗願意快速穩當地坐下，你就能用簡單的連續動作教導狗狗無牽繩隨行，這種情況下，你在每個段落間停下腳步時，狗狗都會展現控制得宜的隨行—坐下。積極、精確的隨行需要狗狗付出大量注意力和心智，隨行—坐下則是讓牠喘口氣恢復精神的時間。此外，隨行—坐下也會是你的緊急控制口令。每當狀況快要失控時，你就立刻指示狗狗「坐下！」。有好的坐下才會有好的隨行。

隨行是一套連續動作

永遠要把隨行當成連續動作：「隨行三步後，狗狗坐下、飼主放鬆。」—呼！右手再拿一顆零食，然後重複連續動作。每次要開始連續動作時，你家狗狗都必須呈現標準的隨行—坐下姿勢。若是不把狗狗坐姿調好就開始練，接下來的動作只會讓練習變得更複雜，實在是事倍功半，而且效果還愈來愈差。如果你家狗狗面向旁邊或往後看，你就說「來福，隨行—坐下」，並用右手的食

無牽繩隨行練習重點一：固定於同一側隨行。
重點二：有好的坐下才有好的隨行。

物誘導調整好狗狗坐姿，然後再繼續隨行。

在你能夠成功連續做好幾段短隨行之前，永遠要**走直線**練習隨行。你不該邊走邊轉彎，而是要停下來，指示狗狗「隨行—坐下」，原地轉方向後再用右手的零食調整狗狗的姿勢。換句話說，就是讓狗狗在原地作兔躍式坐姿調整，使你和狗狗都面向新的方向。

依據狗狗使用不同的隨行策略

根據你家狗狗的體型、速度和心情，可分為兩種基本隨行策略：

❶ 連珠炮似的快速隨行—坐下連續動作，適用於小型犬或速度快的狗，對無精打采的狗狗也很有效。在狗狗四處亂晃、沒把注意力放在你身上時，能清空狗狗腦中紛亂的思緒。

❷長距離開步走搭配頻率較低的坐下，適用於笨重的大型犬。

快速隨行—坐下連續動作：

小型犬最大的問題在速度；狗狗一下子跑到這一下子跑到那，到處亂竄。剛開始訓練時，速度會防礙練習，不過速度經過引導並獲得控制後，小型犬就能表現亮眼的服從力。對待小型犬或速度快的狗，你要先練習一連串一步式的隨行動作，然後才考慮進階到兩步。有些狗狗速度快到你還沒跨第二步就已經跑得不見狗影，所以別嘗試隨行兩步，除非你能讓牠隨行一步。一旦你家狗狗可以表演一連串快速有如斷音的「一步隨行加坐下」，你就能試試兩步隨行連續動作，然後是三步隨行連續動作，以此類推。假以時日，長距離開步走的隨行對你們來說就是小菜一碟了。

以這種方式訓練小型犬隨行，一開始你必須彎曲膝蓋模仿喜劇演員走路，好用左手精確地誘導狗狗。等隨行訓練有所進展，你能一次走上較遠距離時，就可以站直身體快步走了；你走得愈快，訓練起來愈得心應手，因為腿短的小型犬必須走直線才能跟上你。在隨行訓練中，你只需要偶爾彎下腰來比手勢叫狗狗坐下，或是吸引牠的注意力。除此之外，比完隨行手勢之後，你的手就可以自然垂放在腰部位置，這能鼓勵狗狗抬頭看上方。如果你想進一步激勵狗狗抬起頭、集中注意力，可以試試用人類的食物當誘導和獎勵，把食物含在你嘴裡，

約七十五公分長、直徑二點五公分的硬塑膠管是訓練小型犬時很好用的輔助工具。先用塑膠管餵狗狗吃幾顆乾飼料晚餐做準備，然後你就可以利用塑膠管底部操控狗狗隨行時的精確位置了。在塑膠管底部用膠帶綑上一支折彎的湯匙（來承接乾飼料），如果你已教會狗狗「別碰」口令，這根調整位置用的管子會更有效。此外，如果你把狗狗的牽繩穿過管子，就可以「強硬領導」牠。這樣做之後，狗狗的牽繩只剩下從管子底部露出的幾公分自由活動空間，狗狗不會不舒服，而且會待在你身邊精確的位置，也不會絆到你的腳。

每隔一段時間用左手伸到嘴裡（拿零食）再伸到狗狗的鼻子前（來誘導牠或獎勵牠）。

長距離開步走：

一般而言，訓練壯碩如麋鹿的大型犬隨行時，加入太多次坐下不是明智的選擇。大型犬很少覺得像個溜溜球忽上忽下是件愉快的事，對大型犬而言，長距離開步走才是訓練之道。

關鍵是在開始訓練時，讓大型犬面向該去的方向，然後下令或打手勢要牠隨行，接著你就像顆子彈飛出去似的，直線跑至少九公尺後，再慢下來命令狗狗坐下。頭幾回練習時，許多人可能跑完九公尺狗狗都還沒開始動，不過接下來狗狗就會「咻！」地跳起來進入隨行狀態了。狗狗學到：「哇！主人說『隨行』時就會消失耶！我可得盯緊他才行！」如果你總是行動迅速，你家狗狗也會開始行動靈敏，因此等你開始練習正常速度隨行時，狗狗就會像用魔鬼氈黏在你身邊了。

有個地方非常適合練習隨行（和召喚），那就是汽車旅館的走廊。你可以開車去接受寵物入住的汽車旅館（那裡一向停車方便），從側門進去上到二樓，然後就能開始練了。不需要忍受奧馬哈的酷寒，不需要忍受西雅圖的細雨，不需要忍受鳳凰城的豔陽，只有附逃生門又長又直的走廊（安全）、地毯（良好摩擦力）和環境控制（舒適）。要是有人看見你們，你只需要說聲「抱歉，走錯樓了」。

大型犬隨行時特別需要**很多很多很多鼓勵**。如果給的讚美不夠，隨著狗狗年齡增長，你要維持牠有熱情而快速的回應也會愈來愈難。你永遠都要試著儘量走快，有一點很重要，就是在進入繫繩隨行前讓狗狗建立快速行走的概念。對多數狗狗而言，操作不良的牽繩矯正會讓狗狗動作更慢，你愈是又拉又拽，狗狗愈是抗拒。

「換檔」隨行，有效吸引狗狗注意力

變換速度戲稱為「換檔」，可以有效吸引狗狗的注意力。如果狗狗覺得沒什麼好玩的事發生，也沒朝什麼好玩的地方前進，牠很快就會覺得無聊而開始閒晃。

請想像隨行時有三段排檔：慢速、正常和快速。你要以光速換檔，不過換之前要先通知狗狗準備好。加速之前先說「加速」或「快點」（你喜歡用哪個詞都可以，對狗狗來說沒有差別），然後迅速從慢速轉為正常、正常轉為快速，或是直接從送葬隊伍式的慢速急升到超光速引擎的速度。同樣的，減速之前先說「慢點」，然後立刻從快速轉為正常、從正常轉為慢速或從快速轉為慢速。狗狗很快就會期待你改變速度，因為牠學會「加速」表示你要衝了，而「慢點」表示你要踩煞車。

過不了多久，「加速」就能使狗狗加快速度，「慢點」則會讓牠放慢速度。太棒了！以後你和狗狗用同樣速度散步時，如果狗狗落後或是超前，你就能用「加速」和「慢點」來矯正牠。這類指示性責備能讓你在無牽繩隨行時矯正狗狗隨興的行為，也能減少繫繩隨行時必須又拉又拽的機率。

此外，這兩個口令也有助於訓練狗狗在隨行時轉彎。「加速」也是一個很棒的指示性責備，能用來加快狗狗被召回時的腳步。

左右轉指令大不同

隨行時要左轉或向左迴轉時，說「慢點」，並把左手掌伸到狗狗鼻子前面向後移，讓狗狗的頭在你左膝後面一點，然後再左轉。否則的話，要是你左轉時狗狗超前太多，你要不是撞到狗狗，要不是狗狗會向前衝，等轉彎後就變成在你的右側了。

若要右轉或向右迴轉，說「加速」，並把左手放到狗狗鼻子前晃動，讓狗狗的頭在你左膝前面，然後你再右轉。否則的話，如果你家狗狗很聰明或很懶惰，就會在你右轉時從你身後抄捷徑，轉彎後會變成在你的右側。

右轉前先吸引狗狗注意。

引導牠轉彎。

加速直線開步走。

「我們走吧」——繫繩散步

以牽繩帶半成犬出門散步時，最大的問題就是狗狗想衝在前面。狗狗會扯牽繩有幾種可能原因，許多半成犬之所以會扯牽繩，是因為飼主在牠們小時候容許牠們這樣做。一旦牽繩繃緊了，狗狗就不再需要把注意力擺在你身上，因為牠可以透過這條緊繃的天線感應你的一舉一動，甚至包括你下一步想做什麼，於是牠的鼻子、耳朵和眼睛全可以自由地用來探測鄰里。此外，多數狗狗似乎把扯牽繩這個動作視為一種樂此不疲的享受，到小鎮路口寄信在牠們眼裡簡直就像參加狗拉雪橇大賽。不管出於何種原因，扯牽繩通常都是你不該接受的危險行為。一旦牽繩繃緊了，你就無法再控制你家狗狗了，這是很基本的物理定律。

先從室內練習開始

一開始先在室內練習繫繩散步，這絕對是簡單又聰明得多的做法。剛開始建議在屋內練習的原因有三：

- 可以在小狗打齊預防針前就開始訓練
- 讓狗狗分心的元素較少
- 避免在街上出糗

同時請謹守一條簡單的原則：除非幼犬在室內練習散步時完全不會扯牽繩，否則**任何人**都不准用牽繩帶幼犬到室外散步，連一步都不可以。明知道半成犬扯牽繩會遭到處罰，卻讓狗狗在小時候養成這種習慣，這實在很不公平。打從一開始就建立你可以接受的狀態會容易得多。記住，狗狗能拖動的重量最高紀錄約有四千五百公斤，也就是說只要再過幾個月，你家狗狗就有力氣把橄欖球隊的整個防守線球員拖著走。因此一開始就**絕對不要**容許狗狗扯牽繩。

用牽繩蹓狗是必要的安全措施，美國法律也強制規定飼主蹓狗必須使用牽繩。不過當新手飼主和半成犬以牽繩相連，狗狗勢必會扯牽繩，而飼主為了阻止狗狗扯牽繩，通常（但非全部飼主）也會把牽繩往回扯。多數飼主不喜歡這種感覺，狗狗也不喜歡。由於我們不希望狗狗把散步和隨行與多次用牽繩做肢體矯正聯想在一起，我們必須先確定狗狗繫上牽繩後能平靜地站好，才可以進行讓狗狗更加興奮的走動。

另外，在進行繫繩訓練之前，務必先確定可以讓狗狗跟著你走遍屋裡和花園，而且牠很樂意在你面前坐下—維持足足三十秒。你絕對應該先確保狗狗喜歡跟著你以及貼近你，然後你才用牽繩限制牠的行動，畢竟狗狗拉扯牽繩表示牠想遠離你，所以給牠個黏著你的好理由！對狗狗寬容一點、開朗一點，偶爾可以對牠說些鼓勵的話、摸摸牠或給牠零食。

最後，別急著走動，先確定你家狗狗懂得乖乖站好、不扯牽繩，再開始進行訓練。

先讓狗狗乖乖站好

❶給狗狗繫上牽繩，用你的雙手緊緊抓住握環並靠近身體。

❷靜止站立，全神貫注盯著狗狗，但別對牽繩另一端的任何騷動有所反應。狗狗最終會坐下或趴下，絕對會，只要你耐住性子等。

❸一等狗狗坐下或趴下，你馬上說「乖狗狗」，給牠一顆零食，說「我們

走吧」，往前走一步，然後再度站著不動。

❹ 作好心理準備：只要跨一步就會使狗狗精神大振，牠會像要復仇般向前撲。這時你要再次忽視牠的騷動，等待牠再次坐下。

❺ 一等狗狗再次坐下，獎勵牠，然後再跨一步後站立不動。

連續重複這個流程，慢慢拉長狗狗坐下的時間，等久一點再稱讚牠以及跨出下一步。一旦你可以做到交替跨步與站立時狗狗都不會扯牽繩，你就可以試著一次跨兩步再站立不動，接著是三步、四步，以此類推。

就和練習無牽繩隨行一樣，把它想成短暫的連續動作。一旦連續動作擴展到六步或七步，就等於你可以用牽繩帶狗狗散步了，牠不但不會拉扯牽繩，而且每當你停下來，牠都會自動坐在你身邊。如果你在走路時狗狗扯緊了牽繩，立刻停住不動，等牠坐下來之後再繼續走。

基本上，這種技巧是由「紅燈停、綠燈行」變化而來，就和所有有效的訓練方法一樣，你讓狗狗產生錯覺，以為是牠在訓練你。也許你的狗狗心裡正在想：「我的主人好容易訓練喔，只要扯扯牽繩，他們就會站立－維持，我坐下，他們就往前走。」狗狗很開心，你也很開心。

把訓練場地從室內漸漸移往室外

練習用牽繩帶狗狗在屋內和花園散步，過程中加入多次停步。每次你要開始走之前，說「來福，我們走吧」或「跟上來」（還是一樣，你實際的用字不重要，任你選擇），每次你停下來時則叫狗狗「坐下」。

等狗狗年齡大到可以在人行道上散步時，先試著在門廊練習，但把前門開著，接下來再練習出門和進門。狗狗通過門口時往往喜歡用衝的，所以你應該多花點時間練習這部分。每次連續進門出門好幾遍，狗狗很快就能熟練了。在通過門口之前和之後都命令狗狗坐下，接著在屋子前面來回走。你們要練習連續走路和站定，並且一再重複這組連續動作。記得，第一遍總是最難的。如果狗狗扯牽繩，說「慢點」並且站定不動，一旦狗狗坐下，就繼續重複原本的連續動作。下一次就會容易多了。

好，現在你們已經準備好繞街區幾圈了。狗和馬很像，常在離家時猛衝、返家時拖拖拉拉。如果狗狗出門時扯牽繩，你就說「慢點」，並迴轉身體把狗狗「押送」回到屋內，重新來一遍。繞街區的第一圈可能要花很長時間，不過第二圈和第三圈會愈來愈輕鬆，之後更是一帆風順。

同樣巧妙利用「反方向」技巧

基本上，狗狗會扯牽繩是因為：第一、扯牽繩很好玩；第二、飼主放任狗狗拉扯；第三、飼主會跟上去。換言之，教無牽繩隨行的原則也可以應用在繫繩散步時。

你用雙手握住牽繩，手貼近身體左側，讓狗狗只有幾公分鬆動的牽繩空間，然後開始走路，一直走下去。不管狗狗在往你要的

記得利用手勢吸引狗狗的注意力。

方向走時做了什麼脫軌舉動，你都反其道而行。如果狗狗往前衝，你只要靈巧地向右迴轉，往反方向走。如果狗狗往左邊扯，你就往右轉。如果狗狗在你後方往右偏，

讓狗狗依照提示扯牽繩

某些飼主或許可以考慮讓狗狗在你覺得方便的時候拉扯牽繩。

是這樣的，如果狗狗對拉扯情有獨鍾，如果扯牽繩對牠來說真的這麼好玩，你何必非要剝奪牠的樂趣呢？何不讓這隻愛拖重物的狗狗在你可以接受的時候拉扯？當然，只能在你表示許可的狀態下拖拉——「來福，拉」、「走」、「拖」之類的。

我個人很感激鳳凰像個拖拉機帶我光速衝上柏克萊玫瑰步道的階梯，我們帶牠去山上玩雪橇時，「拉」也成了很有用的指令：「小鳳鳳，拉！」咻，耶！加油！

你就向左轉。如果狗狗在你前方往右偏，你就加快速度擋住牠的去路，然後當著牠的面往左轉。如果狗狗慢下來東聞西聞或尿尿，那沒關係——我們帶狗出門散步通常就是為了讓牠做這些事，你只要慢下來等牠就行了。當然，如果你想要狗狗跟上來，就說「跟上來」或「快點」，然後你就往前衝吧。這種方法很有效，不管是在家和幼犬練習，或是帶年紀較大的幼犬、半成犬或成犬去公園玩。

繫繩隨行——狗狗得全神貫注配合的正式口令

訓練狗狗繫繩隨行，讓你能擁有最沉穩的蹓狗經驗，當你們走在人潮擁擠的人行道上或遇到其他狗或動物時，這一招非常有用。不幸的是，對很多狗狗而言，繫繩隨行是最討厭的指令（在所有服從指令中，此項指令的矯正比例最高），狗狗厭惡它的程度，使得繞街區隨行成了枯燥又拖拖拉拉的活動。狗狗一定心想牽繩兩端都是混蛋。

可惜的是，有些訓練師教導繫繩隨行時，從一開始就使用不明確（非指示性）的牽繩矯正法。當然就某些情況而言，牽繩矯正法很適合用來加強狗狗已經學會的指令，但它絕對無法教狗狗指令的內容意義或與牠何干（關聯性）。接連而來的非指示性肢體矯正會破壞狗狗的好心情，很多狗狗變成一聽到「隨行」指令就沮喪灰心。飼主搞不懂怎麼會這樣，只好參加引發動機訓練研討會，學習如何讓狗狗重新產生動機，但狗狗明明在開始受訓前就有很強的動機！

另外，若是一開始訓練隨行就繫上牽繩，利用肢體引導和處罰來強化狗狗的服從度，這樣將花上更長的訓練時間，也很容易培養出雙面狗。狗狗繫上牽繩時也許像個完美的天使，但只要你一拿掉牽繩，牠馬上跑得不見狗影。狗狗很快就學到只要飼主伸長手臂時搆不到牠，就不能掌控牠了。

基於以上及其他原因，我們把繫繩隨行擺在五段式訓練的最後一階段——

第一階段：無牽繩跟隨（「跟著我」）

第二階段：無牽繩隨行

第三階段：繫繩站立（「我們走吧」）

第四階段：繫繩散步

第五階段：繫繩隨行

一旦你家狗狗精熟跟隨的原則，以及懂得特定的「加速」、「慢點」和「隨行—坐下」指令，也學會繫繩站立或繫繩散步時不能拉扯，這時就可以教狗狗繫繩隨行了，但千萬別用牽繩糾錯。

此外，一開始時先教狗狗無牽繩隨行，能讓你學會用腦力而非蠻力控制狗狗，因為你沒有任何機會假藉訓練之名對狗狗又推又拉。先進行無牽繩隨行訓練也可以培養出更可靠的狗狗，一旦狗狗明白無牽繩訓練的基本原則，你就可以輕易給牠套上牽繩、微調牠的隨行動作了。

繫繩隨行練習三步驟

❶命令狗狗在你左側坐下—維持，用左手握著牽繩，讓牽繩鬆鬆地垂在與狗狗項圈連接處以下幾公分處，右手套入牽繩的握環，把剩下的牽繩整齊收攏握在右手裡。任何時候都要保持雙手握住牽繩的狀態。和訓練無

牽繩隨行一樣，左手拿著一些零食（如果需要的話）好精確引導狗狗，右手則拿一顆零食做出坐下手勢。

❷ 說「來福，隨行」或做出隨行手勢（但別放開牽繩），也就是左手放在狗狗鼻子前由左向右移，讓你的左手臂舒適地停在腰前，然後你就可以出發了，而且動作要快！你走得愈快，訓練起來愈容易。如果狗狗落後或是心不在焉，用你的左手在牠鼻子前迅速晃動，再收回腰前。

❸ 每次要停下來之前，先放慢速度，說「來福，坐下」，並且用右手做出坐下手勢（手仍抓著牽繩握環），也就是右手橫過你身體前方伸到狗狗鼻子前，然後停下來，讓狗狗以隨行姿勢坐下。要不了多久，狗狗會學著期待坐下手勢，每次你放慢速度要停下來的時候，牠都會自動自發地坐下。必要的話，可以用食物當誘導和獎勵，再像之前一樣逐步淘汰。

在長距離和慢速直線隨行時，狗狗很可能逐漸失去專注力，所以你要持續且隨機地改變步速和方向來讓牠保持專心。以目前來說，一直改變速率是最好的方式，你可以不停切換三段式排檔。這很方便好用，主要是因為當你走在人行道上時，突如其來地轉彎並不容易，有時候還很危險，你可能會跑到馬路上、鄰居家的花園或甚至上了樹。開闊的空間才適合練習各種右轉、左轉和迴轉。祝你隨行愉快！

請記得，如果你覺得有必要矯正狗狗，因為狗狗不懂你下的指令（這是可能的）或狗狗不懂你下的指令與牠何干（非常可能），那麼你的任何矯正、責備或處罰都赤裸裸表示你家狗狗還沒有訓練成功。幫你自己和狗狗一個忙：回頭重新訓練吧。

散步和隨行的比率應保持在二十比一

繫繩隨行既精確又沉穩，但這未必表示我們想全程讓狗狗隨行、繞完整個街區。「嘿！那都不能東聞西聞和尿尿了嗎？」我們還是要考慮到狗狗的心情和喜好，三不五時讓牠得到一點嗅覺上的滿足。畢竟散步在本質上應該是愉快的，對你和狗狗而言都是一天中最大的享受。我們不需要隨時處於軍事化的警戒狀態，若是施加太多軍事操練般的隨行，狗狗會變得厭膩、沮喪和心不在焉，隨行的品質遲早會降低。若你想維持高品質、精神抖擻的隨行，最好讓散步和隨行的比率保持在二十比一。

繫繩散步時，你要允許狗狗盡情閒晃、遊蕩、東聞西聞、到處查探，唯一的但書是牠不能扯緊牽繩。繫繩隨行時，狗狗則必須配合你的要求，表演精準而華麗的舞步。狗狗必須一絲不苟地走在你身旁，你轉彎時跟著轉彎，你停下時立刻坐下。

繫繩隨行時，你不該允許狗狗聞東西或東張西望，牠必須全神貫注。當然，狗狗在繫繩隨行時也不該大小便。（最好讓狗狗在後院或至少在家裡附近就完成大部分的排便，再把散步當成狗狗表現良好如廁禮儀的獎勵。）繫繩隨行是很正式的控制指令，應用在過馬路之類的時機。我們絕對不希望帶狗狗快步隨行趕綠燈過馬路時，狗狗挑這時候蹲下來拉屎吧！

另一方面，你若想得到狗狗的全部注意力，也必須把全部注意力放在狗狗身上。這是很累人的事，多數人帶狗狗有效隨行的時間不超過兩分鐘。所以你應該把好幾次短時間、活躍而精確的隨行連續動作，融入到長時間、悠閒而愉快的散步中。一開始先進行三十秒極度活躍的隨行連續動作，讓狗狗提振精神集中注意，然後散步三分鐘，再隨行五秒鐘、散步一分鐘，再隨行十秒鐘、散步兩分鐘，以此類推。根據經驗法則，好的做法是在人行道上散步，在過馬路或遇到行人、狗狗或其他動物時隨行。

再談「過來」——讓狗狗了解回應召喚的好處

當你呼喚狗狗時牠不過來，表示牠的行為可歸類為以下二者之一：消極抗命或積極抗命。

消極抗命的狗狗雖然叫不過來，倒也沒特別做什麼事，就只是站著不動、坐著不動或趴著不動，冷眼旁觀你的聲聲呼喚。這類狗狗要不是對靠近飼主心存疑慮（嚴重緊急性情問題），就是不懂飼主的要求與牠何干，因此單純懶得動（輕微緊急訓練問題）。另一種積極抗命的狗狗呢，不但叫不過來，而且是因為在做快樂的事才不過來。這當然也是嚴重緊急訓練問題。

消極抗命之心存疑慮型

如果你叫狗狗過來時牠有疑慮，原因只有一個……就是你！照照鏡子吧，你家狗狗怕的是你，或是你曾經對牠做的事——你可能曾經刻意把牠叫過來處罰。不管原因為何，反正你要立刻解決問題就對了。不過，雖然狗狗有疑慮是很迫切的性情問題，但你還是要慢慢來。你要變得親切、放低身段，一直邊後退邊呼喚狗狗，必要時也可以拋一些零食誘哄牠。一旦狗狗願意接近你、吃你手上的食物，就和牠進行「建立信心」練習（見五十八頁）。為狗狗建立自信，所謂的服從問題就會自動消失。

消極抗命之缺乏關聯型

狗狗明白你想要牠做什麼，但就是不知道意義何在。狗狗也可能是覺得疲憊、無聊或無精打采。尤其對大型犬而言，爬起身來移動到你面前可不是小事，等牠們好不容易走過去，最好能讓牠們感覺值得。結果並沒有！這下狗狗罷工了。

也許先前狗狗已經回應你的召喚前來很多次，但什麼特別的事都沒有，也許你甚至反覆練習召喚到全然乏味的程度。

這是很普遍的問題；也是要好好訓練的目的。我敢說，成功的訓練裡，有百分之九十五的內容不僅教狗狗我們要牠們做什麼，更要教牠們為何應該聽話。解決方式是修補關聯性訓練（見二三七頁「把召喚變成遊戲的的暫停時間」和二四〇頁「生活化獎勵」）。

如果你家狗狗叫不來，就要讓牠有來的動機。跟牠說「加速」，然後你迅速後退，製造某種騷動——搖晃家具、撞門、踢狗狗的碗，或是躺到地上往空中踢腿並發出讓人毛骨悚然的哀號。這麼做的目的是吸引狗狗注意，你要發揮創意引狗側目。不管你做什麼，你家狗狗終究會過來的。等牠過來時，絕對不要處罰牠或責備牠，甚至別表現出你有所不滿。你應該讓狗狗知道牠不早點過來錯過了什麼好康，在牠鼻子前搖晃超美味的零食，用零食逗弄牠，再把零食送給另一隻狗，甚至你自己把零食吃掉。或是給狗狗看空的狗碗，說：「天啊，飯飯都不見了！」或是把牽繩丟到地上，惋惜地說：「哎呀呀，慢吞吞的蝸牛狗錯過散步步的時間了。」狗狗很快就會領悟到聽命前來與牠何干。

懶惰的狗經常不肯聽從召喚前來，因為牠們知道飼主終究會主動上前。很多人才剛開口喚狗，自己就馬上朝狗狗走去。也許他們沒有把握狗狗會過來，所以乾脆自己拿著零食完成這項任務，好像在應徵服務生似的。千萬別回到狗狗面前，你應該遠離牠，讓牠來找你。當然，這項建議指的是雖然不來但也沒在做什麼的狗狗，如果你家狗狗在東聞西聞、奔跑、玩耍、找樂子而不來，那就完全是另一回事了。你家狗狗不肯過來的每一秒鐘，都是牠優先選擇的活動有效強化牠抗命行為的時間。

積極抗命型

狗狗聽到召喚時跑開或拒絕過來，是因為牠們發現玩耍和訓練是互斥的。狗狗覺得需要跑開才能找樂子。狗狗害怕回到飼主身邊，因為牠知道美好時光將會結束；有些狗狗不敢回到飼主身邊則是怕被處罰。

狗狗公然忽視你的召喚、膽大包天地繼續享樂，算是嚴重的服從問題。

你必須採取嚴厲措施，而且要快！你猶豫不決、容許狗狗繼續自得其樂的每一秒，都是對狗狗叫不來的重賞。基本上，你這種缺乏行動力的行為等於消極訓練狗狗別聽你的話！

當務之急——先抓住狗狗

待辦事項第一條是抓住狗狗。你家狗狗到處亂跑的每一刻，牠的生命都受到威脅。等你為狗狗安全地套上牽繩，完全別考慮再替牠解開牽繩，除非你已經訓練好召喚牠時，不管牠原本在做什麼或周遭有什麼讓牠分心的事物，牠都會聽命前來。

心有旁騖、亂跑的狗比多數人以為的容易抓住，因為牠通常把心思放在吸引牠注意的事物上。你只要走向你家狗狗，給牠套上牽繩，再給牠個零食就行了。不過如果狗狗是跑離你，那你邊喊邊追通常會更難抓到牠。你應該往牠反方向跑，瘋狂大笑和喊牠的名字，然後躺到地上，四肢在半空揮舞，發出高分貝的怪聲。多數狗狗會衝過來看你。也許你並不想在日常訓練時在公園裡做這項練習，不過請你務必把這招記在心裡，以備緊急狀況使用，因為這招確實有效，而且已經有好幾隻狗因此撿回一命。

另外一個選項是，你必須同時在生理和心理追緝狗狗。除非你和狗狗練習過這種緊急狀況，否則一般而言大喊「過來！」只有反效果。如果你用正常語氣叫狗狗牠不來，要是狗狗覺得你生氣了就更不可能過來了。大喊緊急的禁制指令會是好得多的選擇，例如「坐下！」或「趴下！」。在平常練習時，你應該謹守原則，不要更換給狗狗的口令，一旦狗狗接到命令要做什麼，牠就非做不可。唯一的例外是狗狗承受壓力、感到困惑或因故分心時，你可以換成比較簡單的緊急指令，像是前述把「過來！」換成「坐下！」。

大喊「坐下！坐下！坐下！」，持續到狗狗坐下為止，然後說「好棒，坐下——維持喔，來福」。**千萬別放棄！**你不能放棄，一定要抓住你家狗狗。如果狗狗沒坐下，但是看起來有點想坐下，你就改用比較輕鬆和緩的語氣並降低音量，重複「坐——下！」指令，聲音要柔，不過還是要有力。一旦狗狗坐下了，你就叫牠坐下——維持，先稱讚牠一會兒，再試著靠近牠。

繼續用正常的開心語氣稱讚狗狗，同時走到牠身邊握住牠的項圈，然後給牠一顆零食。走向狗狗時速度要慢，而且不可以發火，否則狗狗可能又會飛逃。如果你決定叫狗狗來找你，就用熱切而開心的語氣叫牠，邊叫邊朝牠反方向跑開。

狗狗朝你跨出的每一步都值得讚美

不管你先前追牠追了多久，也不管牠亂跑時幹了什麼好事，只要狗狗開始朝你走來，你就要立刻稱讚牠。事實上，狗狗每跨出一步都值得你的讚美。等你把狗狗套上牽繩後，你更要讚美牠、撫摸牠，甚至給牠零食。不管這樣做有多勉強，做就對了！如果你希望狗狗最終會可靠、迅速、積極地到你面前，你最好在所有這種不太穩固的狀況下獎勵狗狗，因為儘管牠慢吞吞又沮喪地過來，牠終究是過來了。對狗狗發脾氣完全沒道理，犯錯的人是你，因為是你讓還沒訓練好的狗狗脫離了牽繩。

絕對、**絕對**、**絕對不要**把狗狗叫過來處罰，如果你這麼做，下次你這個笨飼主又讓沒訓練好的狗狗脫離牽繩時，要花更長的時間才能把狗狗叫回來。

就算你家狗狗在公園亂跑時製造破壞，要是你在牠回來時處罰牠，狗狗仍然是個破壞狂，而且還得花更長的時間才能控制住牠。如果你要處罰狗狗，在牠搞破壞的當下就給予牠明確的懲罰，但牠回來時應該得到獎勵。如果你很煩、很氣、氣到抓狂，也要暫且隱藏你的情緒。等狗狗安全回到家了，你再去咬枕頭、打磚塊或是拿你自己出氣。你可以用任何方式讓自己消氣，但就是別拿狗狗發洩。別讓狗狗代你受過——是你，對，就是你，是你讓狗狗脫離牽繩、忘了關前門，或是明知道院子關不住狗狗還把牠放在院子裡。請你慶幸你家狗狗還活著，休息一下喘口氣，再繼續進行理性的訓練。

在安全的地方訓練，為緊急情況做準備

很多人發現自己的狗在公園裡暴衝、怎麼叫也叫不來，便絕望地舉手投降。當然，訓練任何一隻沒繫牽繩的狗在充滿分心事物的環境中穩定聽話，本身就是教人望之卻步的艱辛過程，需要投注大量心力。不過以現實狀況而言，很多公園裡的問題狗其實在其他較為單純和安全的環境裡，也同樣一點都不

聽話。在安全的、有圍籬的狗公園裡，只有極少數的狗叫得過來；在狗狗訓練班裡，也只有極少數的狗叫得過來；有些狗狗甚至在自家後院都不肯過來。有些狗狗就算繫上牽繩，也無法穩定可靠地坐下（百分之百服從率）。重點是，有太多訓練可以在安全的地方進行，藉此建立基礎穩固的基本控制，讓狗狗有所準備，以進一步精通無牽繩、遠距離、奧林匹克式的服從度。請先確定狗狗在家裡、在訓練班、繫上牽繩時已經穩定可靠，再考慮讓牠到公共場所自由奔跑、惹是生非。

有很多有圍籬的安全地方可以訓練狗狗無牽繩玩耍，最顯而易見的例子就是狗狗訓練班。你也可以發起狗狗玩耍訓練團，每周到不同飼主家的後院練習。此外，你也該記住，想讓狗狗在長距離時（十五到三十公尺）獲得令人滿意的練習及訓練，聰明的做法是隨時讓狗狗繫上牽繩，遠離麻煩。

當然，為將來可能遇上的緊急情況預作準備仍是明智之舉，也就是讓狗狗習慣你大喊「坐下！」或「過來！」時願意服從。若是沒有培養這樣的習慣，當你家狗狗跑開時聽到你大叫，大概只會跑得更快。老天爺，這種情況可能發生在狗狗衝向一群小孩或車水馬龍的街道時。

我們希望狗狗有足夠的信心，明白你用喊的下指令，代表你很著急而非很生氣。雖然你可能不打算再讓狗狗脫離牽繩，也可能會有別人不小心讓牠脫逃。你可以在安全、受掌控的環境訓練狗狗穩定

別弄反了！

很多人不以為意地解開好動狗狗的牽繩放牠去玩，之後再把牠叫到面前繫上牽繩。這下好了，如果說以郊區狗界的社交禮儀而言，無牽繩狂歡算是一種獎賞的話，那結束散步勢必等同於最嚴重的失落或懲罰。換句話說，不守規矩的行為獲得強化，服從的回應獲得抑制。但這樣根本就弄反了。你至少要叫狗狗「坐下—維持」，然後再解開牠的牽繩；如果狗狗想玩耍，顯然牠聽命前來的最佳獎賞，就是讓牠繼續玩耍。對於多數召喚問題的解決之道，就是在狗狗整個玩耍過程裡，一再重複「過來—坐下—去玩」。

可靠地坐下，但稍微增加一些讓牠分心的元素，例如在有圍籬的院子內和別的狗狗玩耍。

把召喚變成遊戲的暫停時間

要使狗狗穩定可靠地回應你的召喚，必須讓牠了解玩耍和訓練不一定是互斥的，也就是說，聽到召喚前來並不是世界末日，也不見得表示遊戲時間結束。你若是將召喚融入遊戲時間，狗狗會學到假如牠立刻過來，你會立刻說「去玩吧」，但牠如果沒有立刻過來，遊戲時間就會暫停，直到牠終於過來才會繼續，也就是說，牠遲早得過來。

基本上，我們這是讓狗狗掌握自己的命運：牠可以選擇用不聽話來終結玩耍，一旦遊戲時間暫停了，也只有狗狗有辦法讓它重新開始，方法是乖乖到你面前。你只要把問題（找其他狗玩）取個名字（比如說「去玩吧」），狗狗的問題行為就變成牠聽命前來的獎勵了。每次你打斷遊戲時間並要求狗狗過來時，你都可以用「去玩吧」獎勵狗狗的過來。狗狗若想繼續玩遊戲，只要繼續在聽到命令時過來就行了。

選擇安全的地點練習，室內、有圍籬的院子、網球場、訓練班或狗狗公園。一開始時，只要找一個狗狗最要好的狗同伴和牠一起練習就好。輕聲細語要求狗狗過來：「來福，過來。」如果狗狗過來了，你就握住牠的項圈，讚美牠、撫摸牠、拍拍牠、抱抱牠、給牠零食，然後就說「去玩吧」。也就是說，你只是為狗狗的遊戲添加一段短暫又愉快的暫停時間而已。

「一次到位」的召喚才合格

如果狗狗不過來，就用指示性責備命令牠過來：「**來福！**過—來！」不要一點一點慢慢增加你的音量和語氣（這樣會有系統地讓狗狗對你的聲音減敏），你要在一秒內從輕聲細語跳到火力全開、引人側目的命令方式，我們要狗狗學到我們嘴巴講出來的話是有份量的，而不是無足輕重。

如果狗狗聽到你的責備過來了，你就讚美牠、摸牠的項圈、在牠鼻子前搖晃零食，但別把零食給牠。你叫了兩遍才把狗叫來，還給牠獎勵未免太蠢了。

你應該拿零食當誘導，用慫恿的語氣輕聲說「過來！」，再退後兩步，握住狗狗的項圈，把零食給牠，然後就說「去玩吧」。也就是說，狗狗必須在你下令一次後就過來，才能得到零食並獲准「去玩吧」。如果你得講兩次狗狗才動作，就一直重複召喚，直到狗狗一次到位。最難的部分是在狗狗玩耍時吸引牠的注意力，一旦狗狗過來了，你已經獲得了牠的注意力，牠很可能會聽從你下一道指令。

如果你出聲責備後一秒內狗狗還沒有朝你走去，另外那隻狗同伴的飼主就要立刻抓住自己的狗，藉此中斷遊戲時間。一旦另一位飼主成功固定住他的狗，就換你上場讓狗狗到你面前了。不管要花多長時間，狗狗遲早會過來的，就算只是因為實在沒別的事可做。一旦你家狗狗過來了，你就重複召喚（如前文所述），直到狗狗聽到第一次命令就過來，這時你再說「去玩吧」，另一位

鳳凰和奧索等著受邀進入客廳。

飼主也立刻釋放他的狗，遊戲時間又恢復了。

第一次讓狗狗過來是最難的，不過就和行為矯正的故障排除一樣，每試一遍都會變得更容易。事實上，你乾脆請另一位飼主替你計時，看看你要花多長時間才能把狗狗叫來，你就能看到實際證據，證明幾遍下來你和狗狗有多麼明顯的進步。一次又一次交替使用「過來」和「去玩吧」，直到你家狗狗在牠最愛的玩伴面前都能穩定可靠地立刻過來。接著再找另一個狗玩伴練習，接著讓牠們三個同時練習。最後，你家狗狗即使身處數量龐大的同伴之間，都會穩定可靠地回應你。

生活化獎勵——對狗狗來說最棒的獎勵

我們在處理第二章提及的行為問題時，必須認知到狗狗是狗，理解牠有強烈的「狗有狗樣」需求，因此我們要努力迎合狗狗的需求。但到了本章的服從訓練，如果套用服從訓練的本能驅策理論，我們可以誠實地說，的確，狗狗並沒有聽從服從指令的「需求」。很多狗狗就只是難以理解為什麼要依循永無止境、重複不斷、看似與牠無關的服從指令。

訓練師先是說「坐下—維持」，然後是「過來」，然後是「坐下—維持」，然後是「過來」。「我說你快拿定主意啊，你要我幹嘛啦？是過來還是坐下？」飼主說「隨行」，然後是「坐下」，然後「隨行」然後「坐下」……接下來是右轉三次，狗狗和飼主都回到原點。狗狗一定覺得飼主笨得要命，或是方向感奇差。「意義何在？在急什麼？」操練過度的狗狗很快就覺得無聊了，牠的回應無精打采，因為牠愈來愈昏昏欲睡、四肢懶散和不可靠。你的責備愈來愈嚴厲，直到狗狗明確感覺不想聽你的話，而且最後牠真的不聽話了。

把狗狗喜歡的活動融入訓練中，變成表現良好的獎勵

在下指令和練習的初期，讚美和零食等傳統式獎勵就足夠了，可是周圍有讓狗狗分心的事物時，這類獎勵很難達到百分之百效果。生活化獎勵是培養真正可靠的狗狗的重要條件。有一條定理是：對任何狗而言，最棒的獎勵正是訓練時最糟的分心事物，因為那就是狗狗在那一刻真正想做的事。

不管你遇到什麼問題，只要給它取個名字，然後訓練狗狗依照提示再做那件事就可以了。這樣你就可以跟狗狗討價還價：「如果你做我要的事，我就讓你做你要的事。」換言之，讓狗狗分心的事物原本是有礙訓練的，是良好行為的相反詞，現在你卻可以拿它當作強化良好行為的獎勵，還可以幫助訓練。

以此類推，「散步」和「東聞西聞」是乖乖隨行的獎勵，「和其他狗狗玩」則是聽到召喚前來的獎勵，把所有狗狗喜歡的活動融入訓練中。舉例來說，雖然鳳凰不是天生的拾回犬，但牠想出門散步時會開心地叼著牽繩到門邊等。請記住，你家狗狗的牽繩是屋內很棒的誘導與獎品。

用最簡單的口令讓狗狗集中注意力，再馬上給予生活化獎勵

選一個緊急、禁制性的控制指令，像是「坐下！」或「趴下！」，然後訓練狗狗不管在做什麼都會回應這個指令。當狗狗心有旁騖時，難度最高的指令就是你下的第一個指令，所以第一個指令要選最簡單的，也就是「坐下！」。一旦狗狗坐下了、把注意力放在你身上了，牠就比較可能聽從你接下來的指令，例如其他禁制性的控制指令，像是「過來！」。不過，一旦狗狗坐下了，你已經證明了狗狗注意力集中、順從和聽你控制，所以多數時候只要狗狗聽話地坐下，你就要立刻放牠走。

寫下你家狗狗最喜愛的二十個活動，依照喜愛度排列，用膠帶貼在冰箱上隨時提醒自己。從

坐下的意思是：「拜託你能不能好心幫忙打開車門？」

現在開始，每個狗狗喜愛的活動開始前都要有短暫的訓練當前奏，而每個長時間的好玩活動都要有好幾段短暫的訓練當間奏。我們做的只是要求狗狗說「拜託你可不可以讓我做這個」或「拜託你可不可以讓我繼續做那個」——只是基本的狗狗禮貌嘛。「拜託」的方式任你決定，可能是短暫又簡單的緊急「坐下」，可能是漫長的五分鐘「趴下—維持」，也可能是進階版的「坐下，趴下，坐下—維持，站立，趴下，站立—維持，趴下—維持，坐下—維持，過來，隨行，坐下，隨行，坐下」連續動作。

訓練前奏

要求狗狗必須先坐下，然後你才讓牠脫掉牽繩、吃晚餐、吃零食、進客廳、上沙發、到屋外、進屋內、玩網球……等等，要不了多久，你家狗狗就會立刻坐下。

訓練間奏

每隔一段時間要求狗狗「坐下」，把好幾遍的「坐下」融入繫繩散步時、無牽繩隨行時、晚餐時間、躺在沙發上時、跟你玩遊戲時、與別的狗狗玩耍時、玩「撿東西」遊戲時。你會發現狗狗在不知不覺間已經成了你的隊友，你們兩個是合作關係，而不是彼此對抗。你家狗狗現在明白你的要求與牠何干，因此你很少會需要強迫牠順從你的心意。

你在所有有趣的活動中融入許多短暫（三到五秒）的訓練動作，到最後狗狗就不再能分辨訓練和玩樂了。玩耍變得更有規矩，訓練變得更有樂趣。事實上，你現在已經達成引發動機訓練的最高境界——自然動機，也就是說，訓練本身就成了自我強化的動機，你在訓練中不再需要給予獎勵，因為對狗狗而言，「做這件事」本身就是獎勵。

慕斯在中央公園開心地執行訓練間奏。

玩把戲——跟狗狗一起同樂

玩把戲是訓練中令人愉快又滿足的一環。我們不是經常看到有些老先生，只因為他的狗會握手，就笑得像《愛麗絲夢遊仙境》裡的笑臉貓？有些人覺得玩把戲很蠢，有些人覺得玩把戲沒格調，還有些人覺得逼狗狗表演很殘忍。真是思考僵化！這些人和狗狗相處時絕對感覺不到太多樂趣，而且他們的狗狗可能也感覺不到和他們相處有什麼樂趣。一群掃興鬼！「當心這些無情的人，給他們一把解剖刀，他們會仔細剖析一個吻！」光是這些人認為教育動物很不人道就足以證明，他們使用的是扭曲又殘酷的訓練手段。

我認為這些人錯了，錯得很離譜。開開心心地教導狗狗、與狗狗溝通，到底何錯之有？正好相反，不訓練狗狗才叫做不人道。最殘忍的行為莫過於連試都不試著打開和狗狗的溝通管道，不教狗狗一點人類語言。這樣一來，可憐的狗狗雖然是我們忠實的朋友，而且也是社交性強的動物，卻被迫過著茫昧噤口、離群索居的生活，永遠不知道我們希望牠做什麼，因此永遠都做得不對。可憐的狗狗被迫不斷犯錯，違反牠根本不知道的規矩。這樣實在太不公平了，我們應該歡迎狗狗進入我們的世界，我們應該教牠我們的語言，我們應該對狗狗說話。

表演把戲本身就是獎勵

玩把戲不但愉快，而且非常實用。說真的，狗狗玩把戲就像人類表演體操、算代數、跳舞、打高爾夫或彈鋼琴，都是熟能生巧的生理或心理技能，藉由練習達到完美。同樣的，狗狗玩把戲和基本服從指令也沒什麼不同。雖然很多狗狗在服從練習的表現比玩把戲要穩固可靠，而且很多狗狗玩把戲時能獲得比服從指令更多的樂趣，但並不一定要這樣，甚至不應該是這樣的。玩把戲應該像服從指令一樣精確而可靠——精確得像可以拿到完美的滿分十分；而基本服從也應該像玩把戲一樣有趣——有趣得像跳舞。

珊蒂．湯普森和卡拉漢。KPIX台深夜秀《搞笑寵物特技》比賽第一名得主。

我們有多常看到深夜電視節目《搞笑寵物特技》的狗狗挑戰「唱歌」或「講話」失敗？我們有多常看到狗狗要被請求六遍才肯恩賜翻身裝死？太遜了！一點都不可靠，一點都經不起考驗。不管是玩把戲或遵守基本規矩，你在訓練狗狗時應該要命令一遍就有所回應。如果美式足球隊的教練要開口六遍才能讓四分衛執行正確的戰術，這位球員很快就要坐冷板凳了，一位飼主若是沒能用一遍口令就讓狗狗「說話」，他也應該進去冰冷的狗屋面壁思過。

玩把戲的好處是大家都在微笑、歡笑、呵呵笑，這就是最好的獎勵。事實上要不了多久，表演把戲本身就成了獎勵，也就是說，把戲有了自我強化的特性。要獎勵狗狗乖乖地「趴下—維持」和人打招呼，你可以要求牠「來抱抱」，而狗狗迅速回應你的呼喚前來，最好的收尾當然就是允許牠撲進你的臂彎當作獎勵。但我們有多少次看到訓練精良的狗狗在表演精確至極的隨行、召喚、坐下和維持時，儘管有如機械般完美，眼神卻毫無光采，因為牠們的飼主給予的「讚美」冰冷到可以使佛羅里達的青蛙結凍！嘿，又沒人過世！你們這些小氣鬼打起精神吧！你還活著耶！享受人生吧！沒有熱身，沒有補考，和你的狗一起玩個痛快吧，現在就動起來！

把戲可以實際應用在生活中

即使如此，我除了訓練狗狗純粹好玩的把戲或要進入好萊塢用的演技，還偏愛可以實際應用在生活中的把戲，以及由基本服從技巧衍生的把戲。

舉個例子，能夠讓食物在鼻頭或腳掌上平衡擺放的狗狗，一定能穩定地維持不動。同樣的，會撿東西的狗狗通常在召喚方面有良好回應。會翻身裝死的狗狗很容易讓美容師打理或撒除蚤粉，獸醫要檢查牠時也會比較乖巧溫馴。會依指令吠叫的狗狗，在迷路或受傷時可能更容易被飼主發現。會後退的狗狗可以依照你的命令在一群孩子吃東西時遠離，或是讓你能從容打開前門準備出去散步。

狗狗必須穩穩地「坐下─維持」，才有辦法讓骨頭餅乾在鼻子上保持平衡。

哎呀！

即使如此，看到鳳凰懂得握手、唱歌、翻身裝死時，我還是不禁滿臉傻笑。可以教狗狗的把戲實在多不勝數，所以我只挑了幾項我最喜歡的來教。

翻身

命令狗狗坐下和趴下，然後把食物緊貼狗狗身體，命令牠「翻身！」，並把食物沿著牠的口鼻一側往後移，移到脖子頂端再越過肩膀。你可以用另一隻手搔弄狗狗的「胯下」來輔助。（多數狗狗被觸摸鼠蹊部時會抬起一條後腿。）

等狗狗翻身側躺或仰躺後，繼續移動食物，使狗狗完整翻一圈，回復成趴下的姿勢。狗狗一旦熟練翻身後，就可以進一步教牠往另一側翻，方法是下達明確的指令：「好，現在往另一側翻。」

砰砰

「砰砰！」是另一種花式翻身，讓狗狗維持側躺或仰躺姿勢，扮演負鼠。首先從趴下姿勢開始嘗試，你說「砰砰！」並將手指像手槍般指著狗狗，如前述那般移動食物，但是一等狗狗翻成側躺或仰躺，你就說「維持！」，食物也同時停住不動。再來試試坐下姿勢，你說完「砰砰！」後比出趴下手勢，再比出翻身手勢。接著試試站立─維持姿勢的「砰砰！」，結合如前述的趴下和翻身手勢。最後，在狗狗走路時試試這招，小孩子超愛的，很多大人也很喜歡。「砰砰！」是歐米加翻身的精華。

求情

命令狗狗「坐下－維持」，說「求情！」，並把食物舉在狗狗鼻子上方一個頭的距離，讓牠將前腳抬離地面、以下盤為支撐點坐直身體。如果狗狗往上跳，你就把食物拿低一點，並且稍微向後移。剛開始時在牆角做這項練習比較容易成功，因為狗狗可以靠在牆上保持平衡。

後退

在狗狗保持隨行姿勢時，把牠夾在你和牆壁之間，命令牠「後退！」，並把食物從牠下巴底下移到胸部下。你也可以在狹窄的通道做這項練習，例如床和牆壁之間。你可以交替使用「後退！」、「前進！」和「站立—維持」口令。前進和後退的概念也很適合應用在其他姿勢上，例如坐下—維持。舉例而言，「往前坐」和「往後坐」可以微調狗狗開始隨行前的理想位置。「往後坐」也很適合用在狗狗太急著衝出門的時候。

匍匐前進

一開始先讓狗狗「趴下—維持」，把食物放在牠鼻子前一小段距離，再一點一點遠離。如果狗狗站起來，只要再試一遍就行了。另外一種做法是把食物放在低懸的障礙物底下移動，例如床鋪、茶几或甚至你的腿下。「匍匐前進！」有助於改善練不好「趴下—維持」的狗狗。在交替練習「匍匐前進！」和「趴下—維持」之下，狗狗總算掌握到兩者之間的重要差異了。當然，「匍匐前進！」原本是個問題，表示狗狗在應該聽命維持的狀態下分心，現在卻成了乖乖「趴下—維持」的獎勵。

來抱抱吧

一開始先讓狗狗「坐下—維持」，說「來抱抱吧！」，在牠鼻子前晃動食物讓牠打起精神，然後你就像大猩猩一樣拍自己胸膛。聰明的做法是交替使用「來抱抱吧！」、「坐下—維持」以及「趴下—維持」，這樣狗狗會學到熱情的打招呼和克制的打招呼有什麼不同。

這個美好的把戲可以輕易解決小狗太愛撲人的困擾。首先，我們訓練小狗坐著和人打招呼，接著我們可以教成犬撲跳，但只能依照我們的提示在適當時機撲跳，因為這時候我們準備好享受跟狗狗親密互動了。（也許只有某些愛狗人士會在換上不怕狗毛的衣物時主動邀請狗狗撲上去。對狗狗冷感的人可能就會命令狗狗「慢點」、「走開」、「後退」、「去你的墊子」和「坐下」。）

舉例來說，你回到家時，先命令狗狗「趴下—維持」，客套地和牠打個招呼，然後換上適合跟狗狗互動的衣服，準備好之後再要求狗狗撲上來抱抱。好，這下子撲跳（狗狗很愛的舉動）就成了狗狗乖乖維持打招呼的獎勵了。訓練狗狗依照命令握手也是類似的技巧，能化解惱人的伸爪習慣。

邀玩

命令狗狗站起來，然後把食物往下移向地面，停在狗狗前腳前方幾公分處。狗狗會壓低上半身，直到肘部和胸部貼在地上。對某些狗狗來說，你需要把另一隻手伸到狗狗肚子底下（但不接觸到狗狗），以防止牠下半身也垂下來，那樣就變成趴下了。邀玩是請求玩耍的姿勢，是一種「情境提示」，表達

牠接下來的行為都是在玩耍。這招把戲對小孩很棒，如果某個小孩可以成功誘使狗狗「邀玩」，那表示狗狗在說牠喜歡這個小孩子，想要跟他玩。換言之，狗狗不太可能會被小孩子誇張的動作嚇到或惹惱。此外，「邀玩」也很適合用在狗狗遇到其他狗時。

轉圈

讓狗狗面向你「站立－維持」，拿著食物在牠頭頂水平畫圈，這樣狗狗會轉一圈，再次面向你。等你家狗狗學會轉圈，你就能教牠「轉－另一邊」。

跳舞

命令狗狗坐下和求情，再把食物往上移兩個頭的距離，使狗狗以後腿站

立。等狗狗練到可以保持平衡站幾秒後，你就可以誘使牠向前走或如上述地轉圈。

拾物

拾物是教狗狗字彙的絕佳方法。你可以命令狗狗去拾取各式各樣的物品，例如網球和高爾夫球（讓狗狗賺取自己的寶物）、報紙、鄰居的報紙、拖鞋……等等。狗狗在過程裡能學會每樣東西的名稱。狗狗辨物拾回的能力在居家生活中很實用，例如你可以站在狗狗的玩具箱旁邊，命令狗狗清理屋子，拾回眼前看得到的每樣狗玩具並且扔回牠的玩具箱裡。此外，狗狗也很擅長找到失蹤的鑰匙、棒球和其他隻狗。

首先教狗狗拾回有趣的物品，例如網球、啃咬玩具、骨頭或拖鞋，你可以用「走開—拿去—謝謝」三段式指令。接著再練習不那麼有趣的物品。一旦狗狗能獨立可靠地拾回每樣物品，就命令牠拾回兩樣物品中的一樣，再來是三樣物品中的一樣，以此類推。

每次狗狗第一遍就成功拾回你要的物品就大力稱讚牠，把牠誇上天。如果牠碰觸、撿起或帶回錯誤的物品，你只要繼續重複原本的要求，直到牠撿對東西為止，這種時候你還是要獎勵狗狗，不過只是輕描淡寫地獎勵。狗狗很快就學到當牠第一遍就拿回對的物品，將獲得美妙至極的獎勵，試好幾遍才成功的獎勵就比較少，不成功就什麼也沒有。拾回也可以運用生活化獎勵，例如狗狗若是正確地選擇拾回牠的牽繩，牠就能獲准出門散步；或是牠正確地拾回網球的話，你就願意把球拋出去。

絕對不可以因為狗狗選錯物品而懲罰牠。懲罰不但會遏止狗狗做出更多錯誤選擇，還會遏止牠做出任何選擇，也就是說，狗狗不再願意拾回物品了。如果你很懊惱狗狗表現不佳（也就等於你教導無方），那你就親

我爸的狗——達特。我們用誘導獎勵法訓練牠拾回拖鞋和找到菸草袋。我個人認為達特會故意把這些東西藏起來以獲取關注。達特也有槍獵犬特有的幽默感，常在鄉間邊狂奔邊向鳥兒和野兔示威：「快逃吧！快逃吧！帶槍的男人來啦！」

自去撿回那些東西，坐下來冷靜一下，明天再試吧。

去……指令

「去……」指令是另一種好用的字彙學習工具。你可以訓練狗狗去一些地方，例如牠的墊子、睡床、睡籃、狗籠；去外面、裡面、樓上或樓下；去汽車的後座或前座；跳下沙發或跳上沙發；或是去找不同的人。你在教狗狗練習時，牠會學到家中各個位置的名稱，以及不同家庭成員和朋友的名字。

去各種地方

首先，要求狗狗「去你的墊子」，先給狗狗看看食物，再把它放在狗狗的墊子上。等狗狗過去牠的墊子時，牠就可以吃掉食物、獲得獎勵。下一階段則是先把獎賞放在狗狗的墊子上，再叫牠過去墊子上。狗狗會學到聽從你的建議去查看墊子的投資報酬率很高，即使你看起來沒帶什麼好料。等狗狗到墊子上之後，你要求牠靜下來待著，只要牠待在墊子上，就不時給牠一顆零食。用這種方法，你可以訓練狗狗到各個不同的定點。

還有另一種更快速的方法可以訓練狗狗進來／出去、上樓／下樓、上沙發／下沙發、去後座／去前座，就是從狗狗的晚餐裡抓一把乾飼料，以進來／出

你家狗狗會成為經驗老到的表演者，展示一連串「去……」和「摸……」指令。

去為例，你可以站在後門的門檻上，隨機交替下達「出去」和「進來」指令，在說完「出去」之後，往屋外丟一顆飼料；說完「進來」之後，往屋裡丟一顆飼料。狗狗很快就學會依照你的提示預測飼料會往哪裡飛，因而快速衝向正確的方向。

地點指令很好用，尤其在充滿壓力或困惑的情境下，例如萬聖節時有一群吵吵鬧鬧的幼年和成年怪獸聚在門口，或是狗狗礙手礙腳、調皮搗蛋時。你只要用一道指令——「去你的墊子」、「去樓下」或「去外面」，就可以再次控制住狗狗。

去找人

同時有兩個人負責訓練狗狗時，就可以進行來回溜溜球召喚法。

爸爸要狗狗坐下，然後指示牠（只講一遍）「來福，去找媽媽」。媽媽等個一秒再呼喚來福。媽媽帶狗狗做一點服從或把戲練習，然後對牠說「來福，去找爸爸」。爸爸也等個一秒再呼喚狗狗，如此不停重複。狗狗很快就學到其中一人說「去找……」之後，另外那人就會呼喚牠，並且給牠零食。由於狗狗很熱心想協助飼主，牠一聽到「去找……」的命令就會奔向另外那人，也就是說，狗狗預期會有召喚命令，還學會了「去找……」指令的意義。這次牠可以得到好幾顆零食和抱抱。

只跟兩個人練習的話，狗狗可能會在錯誤的時間點預期召喚命令，而且不待指令出口就在兩位飼主間來回奔走。避免這種問題有一種有效方法，就是找至少三個人來進行循環式召喚練習。

和之前一樣，其中一人指示狗狗「去找傑米」，而傑米等個一秒再呼喚狗狗。狗狗沒辦法悶著頭衝向另一個人討賞，因為現在可能的人選至少有兩個。狗狗必須等待命令完整出現，才能辨認是哪個人的

一九九六年於加州長灘舉辦的「工作犬明星賽」，「天狼星泥土隊」在「汪汪接力賽」項目創下世界紀錄，勇奪第一名緞帶。

名字。如果牠找的人正確，牠就能獲得豐厚獎賞，但如果找錯了人，大家就不會理牠。

練習「去找人」時，也可以讓不同人分散在屋內不同房間或是室外走道上。這是最快讓狗狗運動到耗盡體力、又最節省飼主體力的方法。舉例來說，你可以在散步時指示家中的德國剛毛犬來回跑上將近三十公里，自己卻只需要走一、兩公里。

「去找人」指令在家裡有很多功用，現在你家有專屬的搜救犬了。如果小強尼在露營時走失了，爸爸可以命令狗狗「去找強尼」，忠心的狗狗就會用牠超靈敏的嗅覺雷達追蹤那個小麻煩。另一種可能是，你可以在狗狗的項圈綁一張紙條，我們忠實的朋友就會送信給另一個人，例如「該進屋吃晚餐了」、「拜託幫我送咖啡到樓上來」或「上來電視間幫我換個頻道吧」。嘿，這下我們會講話囉！

訓練理論篇

PART 4

為什麼這樣教有用？

美國心理學大師桑代克（Edward Lee Thorndike）展開操作制約及行為改變技術等一系列動物學習研究時，曾經先向訓犬師請益，以了解動物的學習模式。現在離桑代克的時代已經過了一百年，學術潮流轉了方向，訓犬師開始將目光投向動物學習理論，想研究出更有效更快速的訓練方法。多數訓練師至少都知道巴夫洛夫（Pavlov）和斯金納（Skinner）的大名，也聽過古典制約和行為改變技術等名詞，但極少有人察覺心理科學的文獻紀錄中包含了多麼豐富的實用資訊。學術研究發表時使用的是專業術語，對一般人來說讀起來很吃力，甚至根本讀不懂，若非如此，這些人可能使這些材料發揮極大的實用價值。不難想見，即使到了今天，這些研究結果仍然極少應用在動物訓練的領域。

學習模式的研究進了研究室，總會被隨心所欲地歸類到古典制約或操作制約兩個不同領域。很多心理學家，尤其是極富嚴謹學術精神的心理學家，傾向將異常的執著投注在區辨這兩種制約的細微理論差異上，致力使這兩個領域更加涇渭分明。這種分門別派的態度沒有理論根據，而且對於實際應用研究發現

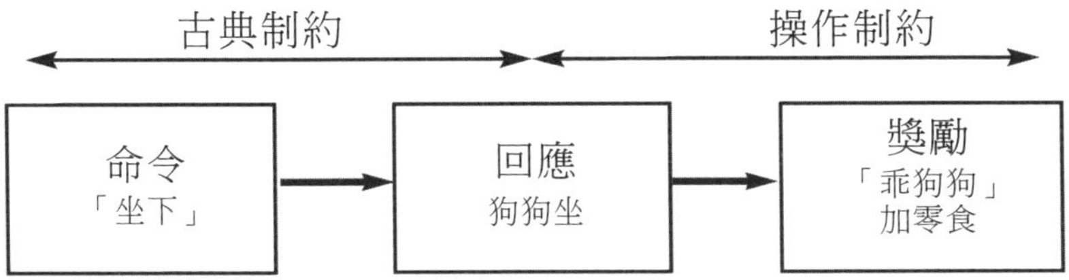

也極度不利。

就現實來說，古典制約與操作制約只是從不同角度對同樣的基本學習順序作理論分析。基本上，研究操作制約時主要探討的是行為表現頻率的改變，而研究古典制約時致力以刺激控制行為或是以提示引起行為。以實用角度來看，合理做法是結合兩種科學方法的精華，再應用到訓練狗、其他動物和人的技巧上。這樣一來，基本訓練順序將如上方簡圖。

提高行為表現頻率

桑代克提出的第一學習定律「效果律」，指出行為發生的頻率是依照行為發生後的立即結果而定。如果結果是好的，行為發生的頻率就會增加。舉例來說，如果拉不拉多犬賴瑞撲向飼主，而飼主剛從超市購物回來，手裡抱著一袋日用品，結果狗狗偷到一串香腸，那麼將來賴瑞撲上去迎接飼主的機率就會增加了。因此在基本訓練順序中，「獎勵狗狗」能強化牠先前出現的回應，而增加其出現的頻率。

刺激控制

訓練狗狗的目的，不是單純訓練狗狗坐下（舉例而言）。四周大的幼犬都懂得坐下！訓練也不限於改變原有行為發生的頻率，你並不是只要狗狗花更多時間坐著，而是要狗狗在聽到命令時穩定可靠地坐下。因此以功能性的角度來說，訓練狗狗的主要目的是讓你對狗狗的行為建立起刺激控制，使狗狗能夠依照你的提示表現。

在基本訓練順序裡，獎勵不只是「強化先前的回應」（A），以「增加回應的頻率」（B），獎勵更能「強化命令和適當回應之間的關聯」（C），以「增加狗狗依照提示做出回應的可能性」（D），也就是遵從訓練者的命令。最後狗狗會學到，只有飼主叫牠坐下的時候，坐下才會得到獎勵。這就是訓練的本質。

誘使狗狗做出正確回應

訓犬技術只包含二、三十條法則和理論原則，與上述原則類似。這些原則多半可以含括在短期研究課程內。但訓犬的技藝就稍微複雜一些了，訓練者的技巧會隨著持續累積的練習和經驗愈來愈好。多半來說，訓練成功與否端看訓練者是否掌握了訣竅，能成功預測動物何時會表現適當行為，並把握這個時機預先對牠下命令，做完動作後再立即給予獎勵。真正精通訓犬術的人，不會坐等狗狗自動自發表現，而是有能力誘使或誘導狗狗表現出他希望看到的行為，這樣的訓練過程才會快速、流暢、輕鬆。

舉例來說，命令狗狗「坐下」之後，使用誘導物

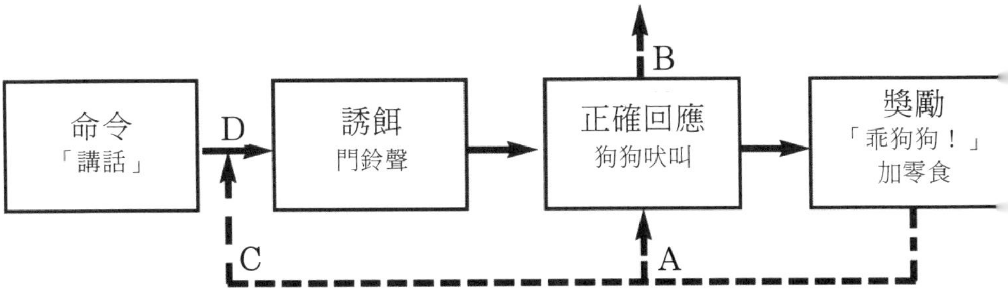

誘使牠坐下。狗狗一旦坐下了，就能獲得誘導物做為獎勵，或是得到其他類型的獎勵。因此，誘導獎勵訓練的基本訓練順序將如前頁簡圖。

使用誘導獎勵訓練時，你可以教導各式各樣的回應，卻不必碰觸、引導或強迫狗狗。在訓練初期，不碰觸狗狗是非常重要的原則。狗狗若是未接收到肢體提示，就會從一開始便選擇注意口語命令和手部（食物）動作。這樣一來，狗狗將更快學會口語命令和手勢的意義，而口語命令和手勢正是遠距離控制和指示性責備的基礎。

如果你家狗狗做出正確回應，你當然應該碰觸牠（撫摸和拍撫）當作獎勵。但如果你家狗狗是因肢體引導而做出回應，也就是說牠在坐下之前就被觸摸過了，那牠就會選擇性地注意肢體接觸勝於口語命令。除了少數重要語彙之外，例如「散步」和「飯飯」，我們說的大部分話對狗狗來說都事不關己，但是碰觸永遠都和牠有關。狗狗學到碰觸表示愛撫或懲罰，當你同時碰觸狗狗和對牠說話，牠會傾向回應肢體提示，因為肢體的碰觸更重要。你家狗狗會像是根本沒聽見你的命令，因為肢體接觸的影響大於口語絮叨，甚至將它完全掩蓋。當然，如果你碰觸或拉扯狗狗的項圈，或是碰觸或推壓牠的屁股，牠可能

訓練初期非常重要的原則是：不碰觸狗狗，這樣狗狗將更快學會口語命令和手勢的意義，也是更有效率的一段式訓練。

很快就學會坐下，但牠要花上很長的時間才能學會「坐下」這個詞的意義，因為現在訓練變成了兩階段。你只教會了狗狗回應肢體提示；你還得再教牠回應口語指令，才能從遠距離無牽繩控制牠。

如果訓練被局限在有牽繩、肢體提示和懲罰等等條件下，等狗狗距離你較遠或你碰不到牠時，你就會控制不了牠。狗狗繫上牽繩時或許循規蹈矩，但無牽繩時的服從度就不太靠得住了，甚至服從度趨近於零。此外，從有牽繩訓練轉換到無牽繩訓練的過程，也會極度緩慢和吃力。相較之下，從一開始就用誘導獎勵法對狗狗做無牽繩訓練，建立起口語和遠距離的控制力，是更簡單、快速、有效、夠力、愉快、安全的做法。一旦你用誘導獎勵法為狗狗做好無牽繩訓練，你就可以替牠繫上牽繩出門散步了。這樣做完全不會減損你對狗狗的控制力，甚至還會增強它。

減少行為表現頻率

桑代克的「效果律」還提出，如果某種行為引發的結果是不好的，這種行為的發生頻率就會降低。舉例來說，如果我們的拉不拉多犬賴瑞撲向剛返家的飼主時，飼主不小心把二十幾罐狗罐頭掉在狗狗頭上，賴瑞下次撲向飼主的可能性就會變低了。

二項式反饋

當你想和與我們語言不通的生物溝通時，不管對方是動物、學語前幼兒、外國人或是讓你覺得對牛彈琴的老公，你必須把所有資訊轉換成雙方都能理解的二項式接合面。也就是說，能夠反映與改變狗狗行為的反饋，必須簡化成正面或負面兩種，化作一連串「對」和「不對」，也就是獎勵和責備。

二項式反饋共可分成四類，其中兩類是訓練的重要本質，另外兩類不是：

(1) 獎勵與不獎勵
(2) 獎勵與責備
(3) 不獎勵與不責備
(4) 責備與不責備

第一類：獎勵與不獎勵

你在教狗狗指令的意義以及你的指令與牠何干時，等於是在教狗狗該做什麼還有牠為何應該做，獎勵與不獎勵是二項式反饋的本質。不管你教的是幼犬或是老狗，這點都不變。

狗狗會學到：如果我做得對，我就能獲得獎勵；如果我做得不對，就沒有獎勵。在訓練初期，狗狗犯錯後得不到讚美、撫摸或零食，已經是夠重的「懲罰」。不過在這個階段，我們其實也不能說狗狗犯了錯，如果你還沒教會狗狗什麼是對的，牠怎麼可能知道什麼是錯的？不論如何，你家狗狗在相對而言的短時間內，將迅速體會遵照你的指示做才是對牠最有利的，牠很快就會主動想服從。

在訓練狗狗明白關聯性時，對狗狗來說，做得不對而得不到獎賞是更強烈的失望，因為這階段的獎賞更有價值也更有意義，也就是生活化獎勵。不難想見，你家狗狗會超快學到遵照你的指示對牠最有利，於是牠會非常真心誠意要服從你。

在狗狗的可靠度至關重要的情況下，比如訓練搜救犬和偵爆犬時，獎勵與不獎勵反饋就是尖端技術了。很多受訓的狗狗快速達到令人訝異的百分之九十五可靠度，連一次懲罰都不需要呢！

第二類：獎勵與責備

一旦你完全確定你家狗狗懂得指令的意義及關聯性，你就可以強化狗狗的表現，迫使牠隨時都有正確回應。如果狗狗做得對，牠就能獲得慷慨獎勵；但如果牠做得不對，就得接受責備，而且牠還是得把事情做對。不過先別急，在你興沖沖地開始訓練狗狗之前，我們要先釐清幾個詞彙的定義。你怎麼知道狗狗懂得指令的意義？還有，你覺得「迫使」和「責備」是什麼意思？

待辦事項第一條，就是測試狗狗的理解程度。帶狗狗到後院去，放牠自由閒晃。在接下來五分鐘內，每當手錶的秒針走到二十、三十五、四十和六十秒時，你就輕聲吩咐狗狗坐下，這等於五分鐘內你總共下達二十次命令。如果狗狗在二十次內坐下十九次，表示牠的可靠程度有百分之九十五，也就是說牠非常明白你發出的坐下口令（在沒有使牠分心事物的後院裡），因此牠已經準備好接受你迫使牠做出正確回應來強化牠的表現（在沒有使牠分心事物的後院裡）。如果狗狗坐下的次數少於十九次，表示牠還沒準備好，那你就回頭繼續用獎勵訓練法訓練牠。你還可以用這項簡單的測驗發現，狗狗的可靠度有很大程度依照以下項目而有所不同：

- 受測地點（在廚房、院子或公園裡）
- 周圍環境有什麼樣使狗狗分心的事物（氣味、小孩、其他狗和松鼠）
- 訓練者的身分（你、家庭成員、朋友或陌生人）

我用「迫使」這個詞，是指你要「敦促」狗狗服從，或你得「發揮你的影響力」來「強迫」牠聽話。「迫使」的意思不是運用肢體力量，甚至不能使狗狗心理受創。「迫使」狗狗有正確回應，只是意謂一旦你要求狗狗坐下，牠就必須坐下，就這樣而已。狗狗不是因為什麼惡劣手段而坐下，而是因為你會鍥而不捨地進行，直到牠坐下為止。基本上，「迫使」的意思是現在訓練必須貫徹始終，你要平靜地堅持看到狗狗維持一致回應。雖然你是和顏悅色地要求狗狗坐下，但現在你的指令中隱含狗狗必須服從的概念，也就是說，你的「輕聲要求」現在成了語調輕柔的「命令」或「警告」，在向狗狗傳達若是不立即服從就要遭受責備的訊息。

而我所謂的「責備」，指的當然是指示性責備，也就是說不只讓狗狗知道牠做錯了，也同時讓牠知道該如何補救。責備不是處罰，也絕對不表示要嚇唬或弄痛狗狗。

在迫使狗狗做出正確回應時，基本訓練順序會變成左頁的簡圖。

一如圖示，你的要求（命令／警告）現在象徵兩條岔路，為你家狗狗提供該如何表現的選項。如果狗狗做了正確選擇，你給牠的獎勵會「強化正確回應」（A），於是「增加出現頻率」（B）。此外，獎勵也「鞏固要求與

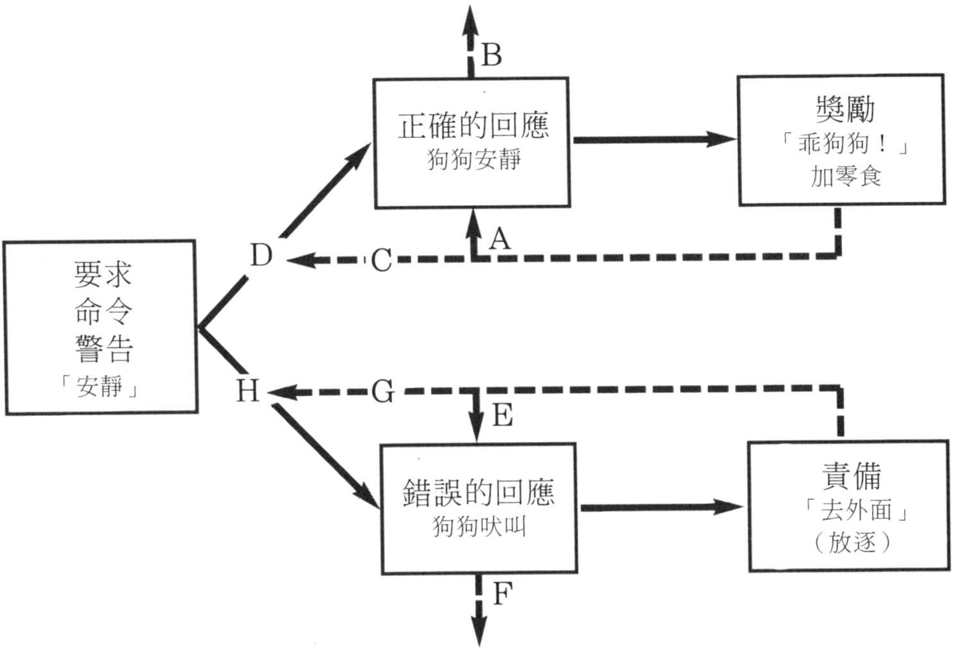

正確行為之間的關聯」（C），而「增加狗狗未來做出同樣選擇的機率」（D）。然而假如你家狗狗做了錯誤選擇，責備會「抑制錯誤回應」（E），而「減少出現頻率」（F）。此外，責備也「鞏固警告與錯誤行為之間的關聯」（G），而「減少狗狗未來做出錯誤選擇的機率」（H）。假以時日，你的要求就會可靠地引發正確行為了。

第三類：不獎勵與不責備

乍看之下，不獎勵與不責備似乎是對狗狗的表現沒有反饋，而你不提供任何反饋，會使狗狗永遠學不會分辨你認為什麼事是對的、什麼事是錯的。但另一方面來說，狗狗還是會從不提供反饋的飼主身上得到反饋，因為狗狗會學到牠愛做什麼就做什麼。訓練狗狗時「不提供反饋」，是新手訓練者最普遍犯下的錯誤。

我們訓練時只要做兩件事——第一件：指示狗狗什麼是對的，並為牠做出正確行為給予獎勵；第二件：告訴狗狗什麼是錯的，並且為牠做出錯誤行為給予責備。就這麼簡單。但一般而言，新手飼主兩件事都做不好。

以任何互動關係、尤其對訓練而言，沒能為狗狗（配偶、孩子或員工）做出你喜歡的舉動給予獎勵，是一種典型的人性弱點；而沒能為狗狗（配偶、孩子或員工）做出你不喜歡的舉動給予指示性責備，則是緊追在後的另一項人性弱點。舉例來說，年幼的小狗狗多次聽到你的呼喚前來，你卻連聲謝謝都不說。完成任務得不到回報，久而久之便成了枯燥的苦差事，所以最後狗狗選擇跑開不理，多數人卻也只是錯愕地乾瞪眼。你若不給予反饋，狗狗就會自己提供反饋了。狗狗會沉浸在牠覺得值得做的事情裡，而這種行為極可能被你視為不乖。

有些服從競賽禁止飼主使用獎勵或責備。然而，「不獎勵與不責備」這種反饋並不是指導性訓練的元素，反倒代表訓練的最終終點——也就是狗狗不需要得到任何反饋，就會快樂地、甘願地、可靠地、精確地服從訓練者的指示。不使用反饋來教導狗狗是不可能成功的，不過所有的狗狗飼主，尤其是有志參加服從競賽的人，倒可以練習在一些短時間的「訓練」時不給予反饋，藉此讓狗狗做好準備，以應付現實生活中的類似情況。

第四類：責備與不責備

在教育或訓練動物或人的時候，懲罰式訓練無論如何都不是什麼好方法。不過很悲哀的是，「忽視好的、懲罰壞的」是普遍的人性弱點，所有人際互動都遭受這種弱點侵蝕，包括配偶之間、父母與子女、老師與學生、雇主與員工以及人類與寵物的關係。現在仍然有些訓練師會處罰狗狗，即使狗狗對他們愚蠢的「指示」既不了解其意義也不明白其關聯性。狗狗絕對會學到東西，但都是錯的東西。首先，狗狗會學到討厭訓練這回事，雖然牠不討厭訓練者。第二，狗狗會找出所有訓練者無法懲罰牠不乖的時機，並在這些時候盡情做牠自己想做的事。

獎勵與懲罰的準則

獎勵與懲罰必須符合若干確切的準則。懲罰必須有效而不蠻橫。而懲罰若要發揮效果，執行時應該具有指導性、立即性與一致性。最重要的是，狗狗應該預先得到警告，讓牠有充分機會表現先前訓練過的適當反應以避免受罰；也就是說，真正有效的懲罰，應該是狗狗知道還有什麼選項是你能夠接受的。同樣的，獎勵必須有效而不浮誇，獎勵必須即時，而且為了發揮最大效果，獎勵的質與量應該有所變化，且根據不同的強化計畫來執行。

無效的懲罰等於虐待

懲罰的首要準則說起來像是一句廢話：懲罰是用來懲罰的，也就是說它必須有效果。如果沒有效果，那麼所謂的「懲罰」不過就是一種虐待。為同一種罪名一再懲罰狗狗，就是懲罰無效的第一項警訊。懲罰狗狗顯然沒用，所以該改用B計畫了。

懲罰的力道必須夠強，才能製造你想要的效果，但又不會過分到摧毀狗狗的注意力或是對你的信心與信任。你必須當心懲罰後雖然成功消滅了狗狗的行為問題，卻也在過程中嚴重損害狗狗的性情，並搞壞了牠和你自己的關係。當心贏了戰役卻輸了戰爭。考量懲罰的嚴厲程度時，應該使它吻合犯罪情節。舉例來說，成犬想咬人和撲人是重罪，但相對而言，幼犬在地毯上便便算是輕罪。

懲罰必須立即，狗狗才會懂

狗狗必須明確知道自己為什麼被懲罰。懲罰的關聯性與立即性密不可分。

如果狗狗「犯罪」後立刻被懲罰，牠就明白是怎麼回事了。

延遲懲罰沒有作用，而且非常危險。懲罰會抑制前一刻出現的行為，因此延遲管教懲罰的將會是狗狗向你打招呼、靠近或回到你身邊，或讓你靠近及掌控自己等等的行為。狗狗很快會變得怕手、對你靠近懷有疑慮。如果你想懲罰狗狗在你不在場時的行為、亂跑或是中斷維持動作，你應該立刻懲罰牠。如果你不知道該如何辦到，請向專家求教。更好的做法是別讓狗狗有機會搗蛋，把牠限制在某一區域或繫上牽繩，直到訓練好為止。這樣一來，狗狗不會搗蛋，你也完全不需要懲罰牠。

使用有效並帶有指示的責備

與體罰相比，口語責備效果要強得多。口語責備可以立即且相隔一段距離，而走到狗狗面前抓住牠、講一句意味不明的「痛痛」則很花時間。此外，指示性責備本質上就是明確且帶有資訊的，體罰卻兩者皆無。

「快點！」、「慢點！」、「坐下！」、「走開！」、「輕一點！」、

「去外面！」、「安靜！」、「啃玩具！」都是有效指示性責備的範例，這種責備只用一個詞就讓狗狗知道兩件事：第一、牠快要犯錯了；第二、如何改正錯誤。訓練者的音量和語氣是在責備狗狗，但發出的指示也立刻告訴狗狗如何把事情做對，這樣牠不但能避免更多處罰，更能為良好行為獲得獎勵。舉例來說，飼主叫狗狗「坐下！」時，狗狗毫不懷疑地知道「牠做錯什麼事了」，以及「主人希望牠坐下」。

與此相比，一再重複、非指示性的牽繩矯正動作通常令狗狗困惑，舉例來說，在隨行練習中出現的牽繩矯正動作，讓狗狗不知道你想讓牠快一點、慢一點、離遠一點、離近一點、坐下、坐直、微笑、放響屁還是幹嘛。

使用迴避式訓練，讓狗狗有機會做對

訓練者必須隨時盡可能給狗狗機會，讓牠能選擇先前受訓做的良好行為以避免受罰。

對於你在任何時候都不接受的行為（例如撲到陌生人身上或追逐小孩和家

畜），狗狗必須知道有什麼替代選項。你必須先教狗狗適當的行為有哪些，再指導狗狗視情況表現出來，比如教狗狗用「坐下」向人打招呼。迴避式訓練比單純的懲罰式訓練有效多了。在訓練時，暗示狗狗「坐下」這道命令是一種警告，表示狗狗不坐下就要受到責備。

對於你有些時候可以接受、有些時候不能接受的行為（例如吠叫），你應該在每次處罰狗狗之前先警告牠（「安靜！」）。如果你不警告狗狗，只是在牠不乖時懲罰牠（懲罰式訓練），那麼狗狗既不能避免受罰（不人道），也無法學會警告的意義（不聰明）。

要讓懲罰式訓練、嫌惡制約和迴避式訓練發揮效果，狗狗必須每一次不乖時都受罰。只要有一次沒能立刻懲罰狗狗，就會出現問題，而且是**大**問題！狗狗一旦明白牠在某些情況下不用受罰，就會成為投機搗蛋鬼，例如你不在場時就不乖。

獎勵必須立即，並且讓狗狗感覺是獎勵

「立刻」獎勵狗狗的良好行為，也「立刻」責備狗狗的不良行為，才能達到強化好事和抑制壞事的效果。

獎勵必須讓狗狗感覺被獎勵到。每隻狗狗都有其獨特的獎勵分級制度，每隻狗狗的制度都不同。每一隻狗狗都會重視某些獎勵勝過其他，而且不同獎勵的相對價值可能每天都不同，甚至每一刻都不同。舉例來說，有些狀況下，先前被狗狗高度重視的獎勵可能變得沒有強化效果，甚至可能有抑制效果或惹惱狗狗。如果狗狗一心想和其他狗狗廝混，那麼你試著摸牠、讚美牠或是往牠嘴裡硬塞小塊的冷凍乾燥肝臟根本毫無意義。讚美、撫摸和食物獎勵可能不再有獎勵效果，「去玩」才是此時唯一有效的獎勵。也就是說，你必須把誘發不當行為、使狗狗分心的事物，轉換成強化良好行為的獎勵。

獎勵必須立即，延遲獎勵總是會強化錯誤行為。舉例來說，如果狗狗正在和其他狗玩，聽到召喚立即飛速回應來到你面前，你的讚美別給得太遲，因為狗狗可能會懶洋洋地坐下或撲跳。延遲獎勵還有其他風險，亦即產生「抑制良好行為」的悲慘結果。舉例來說，如果狗狗聽話地回應召喚後，卻因為撲跳而受到懲罰，這項懲罰不但強烈抑制撲跳行為，也部分抑制了良好的回應召喚行為。最後，狗狗聽到召喚時就不會過來了。你應該立刻獎勵狗狗的良好行為，也立刻責備狗狗的不良行為，這樣才能達到強化好事和抑制壞事的效果。

何時獎勵能達到最佳效果？

單就何時應該、何時不該獎勵動物的正確回應，以達到最快的學習效果和最佳記憶力，就有數千份科學研究報告發表出版。心理學研究使用了好幾種不同的強化時制：

- 連續強化（CR）
- 固定比率（FR）
- 固定時距（FI）
- 變化比率（VR）

● 變化時距（VI）

● 區辨性（DR）

「連續強化時制」其實只出現在實驗室裡，一般而言是由電腦程式分配獎勵。連續強化時制在訓犬方面能發揮的功效相當有限，首先，沒有任何訓練者能像電腦一樣連續為狗狗的每個正確回應給予獎勵；第二，狗狗若是接受連續強化作用，一開始學習力會飆高，但最終牠的回應會變得懶散而不可靠。

同樣的，其他固定性強化時制也屬於學術研究的概念，眾所皆知這類概念實際應用起來效果不彰。不過奇怪的是，固定時制廣泛應用在訓練人類方面，用在人身上明明也沒有效果啊！舉例來說，運用「固定時制」時，實驗對象會在固定的時距後得到獎勵。「薪資強化物」和「發薪日獎勵」最大的問題出在員工會混水摸魚，因為他們知道不管他們有沒有做事都拿得到酬勞。此外，工作品質也起伏不定。當接近一周末了的周五發薪日，每個員工都卯足全力幹活，星期一早晨可不是這幅光景！被寵壞的狗狗和他們類似，飼主給狗狗零食後就失去了狗狗的注意力與參與度，這是很常見的情形。

「固定比率時制」，例如論件計酬制，這類實驗對象在做出固定數量的回應之後可以獲得獎勵，這樣會造成「比率負擔」和「品質控制」的問題。如果獲得獎勵（單位酬勞）要求的回應（完成案件）數量太大，實驗對象就會放棄嘗試、直接罷工。如果實驗對象加快工作速度來製造很多回應（完成更多案件），以賺取更多獎勵（更多錢），那麼每個回應的個體品質就會直線下降。

依照「變化強化時制」獎勵狗狗，例如使用變化比率或變化時距時制，會比在狗狗每個正確回應後獎勵牠效果好得多。使用變化比率時制時，狗狗是因為表現出某個平均數量的正確回應而得到獎勵。舉例來說，在狗狗變換三種正確姿勢後獎勵牠，然後在變換六種姿勢後獎勵牠，然後是兩種，再來是九種，這樣子平均起來，狗狗每做出五個正確回應（變化比率5）後可以獲得一次獎勵，而實際上總共二十個正確回應讓狗狗得到四次獎勵。同樣的，使用變化時距時制獎勵狗狗，例如坐下—維持三秒之後，然後是十二秒之後，然後是五秒之後，再來是二十秒之後，這樣子平均起來，狗狗每坐下—維持十秒（變化比率10）後可以獲得一次獎勵，實際上狗狗累積了四十秒的「坐下—維持」以換得四次獎勵。

從一開始就使用「變化時制」

以多數練習來說，你可以從一開始就使用變化時制，因為當你採用誘導獎勵訓練，多數狗狗試第一次或第二次就能成功。很多練習要求的都是非黑即白的回應——狗狗要不就做得對，要不就做錯了。如果狗狗第一次就做對了，你要立刻開始降低獎勵比率，要求牠做出兩個回應來換得一次獎勵，或是在之後的練習中維持回應久一點。如果狗狗不是第一次就成功，那就繼續練習吧。

同樣的，當你用塑形法教導較複雜的指令，狗狗因為表現出一連串趨近正確的回應而連續獲得獎勵，每個強化的回應都比先前更好一些，等狗狗精熟整套練習，獎勵比率就可如前述般降低。

事實上，還有一點至關重要：不要讓狗狗每一次做出同樣行為都獲得獎勵。如果狗狗每一次做出正確回應都獲得獎勵，牠是會學得很快，但也會忘得很快！然而，假如狗狗獲得獎勵的時機是偶然且隨機的，牠學得還是很快，但會記得更牢，也會更努力求表現。狗狗會繼續維持更長時間回應你的要求，每次回應時也會更熱切。

為什麼變化性強化時制能創造更好的記憶力和可靠度？明明用這種方式狗狗能獲得的獎勵，在數量上只有連續性強化時制的十分之一（如前述舉例）？有幾個原因。如果狗狗每次做出正確回應都受到獎勵，牠會獲得很多獎勵，於是獎勵漸漸失去了價值和新鮮感，因為狗狗已經感覺膩了。此外，狗狗知道牠再晚回應也絕對有賞可領，牠會心想：「那我急什麼呢？」或是狗狗可能決定下次再服從，因為牠知道下次獎勵還是會等著牠。這就是為什麼商家要辦促銷活動；人潮會快速湧進，深怕晚了就搶不到優惠。確定會產生自滿。

吃角子老虎 VS. 咖啡自動販賣機

重複的、預期中的獎勵很快就變得乏味，而偶然的、未預期的獎勵永遠是美好的驚喜。試比較吃角子老虎（變化比率）和咖啡自動販賣機（連續性強化）的模式就很明顯了。

一般人很快就成了吃角子老虎的奴隸，每一枚代幣都急切而熱情地投進去，因為玩家「確知」（迫切希望）這一把就能贏得大獎。如果他們沒有贏，他們會再試一次……然後又一次，一次又一次！屢見不鮮的情形是玩家連續好幾把都槓龜，然後終於被小小的獎勵撩撥希望——「兩顆櫻桃」。老天，只不過是兩顆櫻桃！很多人一連幾小時抱著吃角子老虎不放，被單純得可悲的變化比率控制住卻仍滿心愉悅，一再重複枯燥的手部動作，全都是為了神龍見首不見尾的累積獎金，而就機率看來，他們永遠不可能贏錢。相較之下，一般人把銅板投進咖啡自動販賣機時，態度就十分呆板而疏離了。如果機器沒能給予回饋，哪怕只有一次，機器前的人都會大爆發，踹機器幾腳，然後氣沖沖地離去。他們可能再往這故障的機器裡投一把硬幣嗎？當然不可能！嗯，狗狗也一樣。

使用連續強化時制，狗狗可能會在第一次沒得到獎勵時停止回應，因為狗狗只需要一次經驗就能學到機器是空的，例如你身上沒帶零食，或是你在生氣而無力對狗狗和顏悅色。你對狗狗的控制力將變得依賴獎勵。你有獎勵可給，狗狗就願意配合；你沒有獎勵，狗狗就完全不動。但若使用變化時制，狗狗經常連續做好幾個動作而得不到獎勵，這樣狗狗會持續嘗試，希望這一次聽命返回能讓牠贏得大獎，或至少有兩顆櫻桃。

有變化的獎勵才能不僵化，讓狗狗不斷進步！

依照變化時制獎勵狗狗，隨機獎勵牠的正確回應，能培養熱切且可靠的狗狗，而且可以維持下去。舉個例子好了，假如我們打算讓狗狗平均每做出十次正確回應就得到一次獎勵，給予獎勵的時機該如何拿捏？在每輪第一次正確回應後，給狗狗當開胃菜嗎？在每輪第五次正確回應後，以免狗狗厭膩嗎？還是在每輪十次回應都完成之後呢？不，這些時制都是單調而無效的「固定比率10」，至少依照真正「變化比率10」獎勵狗狗的方法，應該是在五十次正確回應中隨機散布五次獎勵，而且我們應該可以表現得比接電線、跑軟體的電腦優秀，因為我們除了對狗狗的回應做出量化評價之外，還有能力視狗狗的回應品質給予複雜的主觀判斷。

顯然，合理做法是獎勵狗狗最出色的幾次回應。當我們運用區辨性強化時制，狗狗獲得獎勵的時機會根據牠的行為品質而有所區別。狗狗必須有高於平均水準的回應，你才能考慮給牠任何獎勵。狗狗的回應愈好，獲得的獎勵也愈豐厚，而狗狗有超水準表現時，牠也可以獲得超水準的獎勵，偶爾還可能抱回頭獎！

此外，隨著訓練進行，你可以逐步提高狗狗的表現能否獲得獎勵的判斷標準。這樣一來，訓練便成了學無止境、精益求精的過程，能重複形塑、砥礪、微調狗狗的行為。

獎勵還是懲罰？

在訓犬的領域裡，辯論最熱烈的話題莫過於該使用獎勵為主還是懲罰為主的訓練方式。「誘導獎勵」曾經是相當普遍的訓練方法，在一九〇〇年之前用於訓練各種人類馴養的動物。然而兩次世界大戰過後，「強迫懲罰法」成了訓練軍事犬不可或缺的環節，到了一九五〇和一九六〇年代，這種「軍事教育」已經普遍成為訓練所有狗的風格，包括寵物狗在內。隨著幾本重要著作問世，包括里昂・惠特尼（Leo Whitney，1963）、艾德・貝克曼（Ed Beckman，1979）和蓋兒・伯恩罕（Gail Burnham，1980）的作品，這股風潮開始轉變，現在誘導獎勵訓練、遊戲訓練可謂又重新流行起來了。

成功訓練的祕訣就在找到誘導和強迫中間的平衡點。獎勵和責備都是培育高度可靠、主動服從狗狗的必要元素。我們在教狗狗命令的意義與關聯性時，懲罰絕對不是好的方式，但是在強迫狗狗聽從命令時，糾正和指示性責備是必要的。好的比率是十次獎勵比一次責備，即使如此，每一次的糾正和責備都表明，狗狗還沒有完全明白我們的指示意義為何以及與牠何干。無論如何，你在緊急情況下可以責備狗狗，但是接著要修補狗狗和你的關係，同時再回頭好好把狗狗教懂。

誘導獎勵訓練四大優點

跟強迫懲罰訓練相比，誘導獎勵訓練更容易、更愉快、更快速、更有效，狗狗學得更快，也記得更久。

優點一：輕鬆

對有些人來說，要精通訓練狗狗時各種不同的責備、糾正和懲罰技巧，是很困難且經常根本辦不到的任務。因此很多懲罰式訓練完全不適用於居家訓練。舉例來說，一個六歲小孩怎麼能駕馭簡單的牽繩矯正法，遑論「阿爾法翻身」？這個概念本身就很荒謬且具有潛在危險。（阿爾法翻身的做法是揪住狗狗的雙頰將牠向後掀翻，也就是說，飼主要扮演狼群裡的壞老大，據說這樣可以教狗狗誰才是老大！這根本不叫訓練，而是虐待。而且這樣絕對會害飼主被咬、害狗狗被送去安樂死，真是很瞎的「建議」。）

然而，每個家庭成員都有能力說一句「乖狗狗」，甚至包括兩歲幼兒在內。好吧，應該說幾乎每個家庭成員啦。有些男人對於稱讚狗狗有心理障礙，尤其在公眾場合，這些人即使開口，他們的「讚美」聽起來也像在弔慰被噴了殺蟲劑而垂死掙扎的海蛞蝓。有些人或許只能發出言不由衷的讚美，但是狗狗領到零食時還是能接收到訊息，這是我們在訓練中運用食物的主要原因。

優點二：愉快

給賞很愉快，但處罰很不舒服。充滿獎勵的訓練對你和狗狗來說都很好玩，而以懲罰為主的訓練對雙方來說都不愉快。重複的懲罰使得訓練在狗狗眼裡漫長無比，對你也是樁苦差事。

獎勵在服從訓練中還有個美妙的副作用，就是一再增進狗狗對你這個人類伴侶的好感，使你和狗狗之間的聯繫愈來愈鞏固。重複的懲罰則會逐漸摧毀狗狗對你的信任與敬意，因為懲罰在無形中掏空了狗狗／飼主情誼的地基。

當你使用過度或極度懲罰，狗狗可能會把懲罰與你連結在一起，而不會與自己的不良行為連結。許多狗狗深信，有問題的不是自己的所作所為，因為很多時候牠們做出那些行為並沒有招致懲罰。狗狗不會學到那些行為將引發討厭的後果，而會學到「你在場」將引發討厭的後果。狗狗會發展出有如化身博士的性格。你不在場或是碰不到牠的時候，牠能自由自在地發揮本色，享受極致的「分離鬆懈」，但如果你在場，牠就要忍耐受到壓抑的時光。

優點三：有效

懲罰式訓練若是真要發揮效果，那狗狗每次做出不良行為都必須確實得到懲罰。除了在實驗室裡，這根本是不可能辦到的事。人類不是電腦，而且人類行為不可能百分之百維持一貫性。因此，狗狗學到懲罰出現的條件是飼主在現場或有在注意。到最後，狗狗發現某些狀況下牠的不良行為不會招致懲罰，例如你不在時、你在心卻不在時（例如在做白日夢），或是你在但失去作用力時（例如狗狗沒繫牽繩且遠離你能碰到的範圍，導致你不可能對牠作肢體矯正）。在訓練中過度依賴懲罰，接下來就會引發「飼主不在場的行為問題」和「一上台就脫序演出的狗」。

相對來看，當你獎勵正確行為時，缺乏一致性反而是件好事，這對人類訓練者來說實在是一大幸運。獎勵式訓練和懲罰式訓練的效果差異就在這裡了。使用懲罰式訓練時，你只要不慎讓一次不良行為逃過法網，就準備迎接大麻煩吧。但使用獎勵式訓練時，只要偶爾、甚至漫無規律地獎勵狗狗，都會達到更大的效果。此外，當你把變化性強化時制進化成區辨性強化時制，獎勵訓練便成了極為有效的教育工具。

優點四：快速

以實用角度來看，狗狗有無數犯錯的方法，卻**只有一種做對事情的方法**。受訓者有太多出錯的可能了，以任何訓練項目而言，動物和幼兒都有一種特別的絕技，能以包羅萬象的方式犯下各種錯誤、做出無數不良行為。對某些狗狗來說，某一種主題的出錯花招有無限可能。若是使用懲罰式訓練，你必須在狗狗犯下每一個錯誤時都予以懲罰。因此就定義上看，懲罰式訓練根本就是不可能的概念，因為耗費的時間太多了。懲罰式訓練就像是希臘神話中必須不斷把巨石推上山頂的薛西弗斯，成了反證假說無效的無止境任務。另一方面來說，從一開始就教導狗狗唯一正確的回應，花的時間要少得多。如果你對狗狗該如何表現已有定見，別對狗狗隱瞞想法，拿出來教牠吧！

生理健康篇

PART 5

你家狗狗的整體健康狀態和壽命非常重要，前述所有性情、行為和訓練問題在疾病和死亡面前都相形失色。有些狗狗經常受傷或生病，有些狗狗則是健康寶寶。有些狗狗英年早逝，有些狗狗到了十四、十五歲還活力十足。你將花很長的光陰和你的狗狗玩耍、訓練、相依相伴，你將像結交朋友般去熟悉牠，你將珍視牠的陪伴。牠離開的時候，你將想念牠。

挑選健康的狗狗

第一件事：盡力挑選有很高機會可以存活十六年左右的狗；第二件事：牢牢記住在你家狗狗活力充沛的歲月裡愛牠與感謝牠。

並非所有時候你都能確認狗狗的祖先壽命和整體健康狀態為何。有時候領養成犬或挑選幼犬就像是買下裝在袋子裡的豬，然而，購買幼犬時，探詢健康狀況與確認存活機率絕對是第一要務。

確認幼犬是否來自長壽世家，而且牠的列祖列宗最好到了晚年也健康硬朗。你可以要求看看候選幼犬的親戚，尤其是牠的父母、祖父母和曾祖父母。你不但要確認牠們很友善、很乖巧、訓練良好，還要看看牠們是否依然活著且活得健健康康。很多時候，易於染病和受傷的體質是會遺傳的，因此預期壽命也是代代相傳。你若想在某個狗狗家族中找出潛在問題，別浪費太多時間去看賽級犬，你早已知道牠們是同胎小狗中的菁英。你應該索取帶走其餘幼犬的飼主姓名和地址，特別應該追蹤超過十歲以上的寵物狗。

請記得，壽命是最簡單、經常也是最好的指標，可以看出狗狗有沒有好性情、好規矩、好學習力和良好的健康。替你自己省下許多心碎的眼淚，挑選長壽公民狗家族出身的幼犬吧！

施打幼犬疫苗

在幼犬對較嚴重的犬類疾病免疫之前，你不應該讓牠和其他狗混在一起，也不該讓牠接近可能有其他狗狗大小便的地方。嗅聞染病動物的尿液即可能感染犬瘟熱，狗狗的糞便也是犬小病毒腸炎及其他病原的傳染途徑。此外，這些病毒非常危險，有些還能耐受高溫和酷寒並存活很長一段時間。

幼犬的免疫系統有一點麻煩。新生幼犬可以從初乳獲得母源抗體而有被動免疫力。但幼犬體內的母源抗體通常會在六到八周內開始降低，到了九到十二周大時，幼犬的被動免疫力就完全消失了。

被動免疫力可能和過早施打的幼犬疫苗相衝。由於無法確定母源抗體何時完全消失，獸醫一般建議連續施打至少三劑疫苗，施打間隔在二到四周，第一劑在狗狗六周大時施打。這種做法是為了盡早激發免疫力，並不是獸醫圖利的陰謀。通常狗狗要到十二周大左右，才會發展出充分的主動免疫力，也就是第二劑疫苗施打後兩周內，這時母源抗體已經不存在了。

換句話說，從你家幼犬的被動母源免疫力開始衰減，直到牠自身的抗體能提供充分保護的這段期間，牠有很高的風險感染致命疾病。因此，在狗狗六到十二周大期間，你應該仔細照顧牠，預防牠接觸可能染病的狗或牠們的尿液和糞便，也就是說，這段期間絕對不該讓你家幼犬走在人行道上或其他公共場所。

當然，為年紀小於三個月大的幼犬舉辦訓練班，教學效果會很好，但實在不值得冒著生病的風險這麼做。在狗狗可以上訓練班之前，你可以在家裡訓練狗狗，並且經常在家裡舉辦小狗派對，讓牠對人社會化。這個時機很適合著重訓練幼犬對人的社會化。另一方面，和其他幼犬及成犬的社會化、玩耍和訓練則得先行暫緩，等到幼犬至少三個月大，而且發展出對抗嚴重犬類疾病的良好免疫力再說。

餵食營養均衡的乾飼料

現今，把狗狗餵飽是很簡單的事，因為寵物食品業已經發展成數十億美元的龐大產業，寵物用品店裡有各式各樣包裝精美的狗食任君挑選。餵食知名品牌狗食最大的優點在方便，你可以輕鬆分配每日需食量，而且營養均衡。然而，餵食知名品牌狗食是有代價的，沒錯，最大的缺點就是花費，而最昂貴的兩個環節是包裝和電視上那些討喜的廣告；真正的食物原料價格只占零售價的九牛一毛而已。二十公斤裝的乾飼料比罐裝濕食或盒裝鮮食要便宜。

自製狗食是品牌狗食之外的另一個選項。一般來說，讓狗狗完全依賴你的剩菜過活並不是好主意，但是好是壞還是要看你吃什麼，以及狗狗的消化系統能否負荷。很少有人吃得很健康，所以那些剩菜對狗狗來說當然也不健康。因此很多狗狗最後肝臟大得像鵝肝，腎臟小得像石子，身材腫得像大蕃茄。那等於是慢慢給狗狗下毒——食物的量太多，尤其是讓狗狗吃下過多的脂肪、蛋白質、鈣和鈉。

有些選擇自製狗食的飼主有辦法讓狗狗吃得省錢也吃得健康。自製食品絕對比較便宜，但準備起來很花時間。當然，自製食物的某些用料會比品質低劣的雜牌狗食要好，可是各種原料的調配比例卻很少和狗食一樣均衡。營養物的正確比例與其品質同樣重要，要調配出含有正確比例的碳水化合物、蛋白質與脂肪的狗食，必須經過極為複雜的程序，更別說還要添加很重要的礦物質、微量元素和維生素。要使多數飼主可以自製出比優良品牌狗食品質更高或營養更均衡的食物，恐怕是不太可能的事。我建議餵食狗狗時大部分使用買來的乾飼料，偶爾給牠點人類食物加菜，而且必須有大量蔬菜、中量碳水化合物和少量瘦肉。

肥胖是狗狗的健康殺手

很多人都餵得過量了。肥胖是狗狗的健康殺手，尤其是中年或老年狗。食物攝取量有兩項最佳指標，一是你家狗狗的腰圍，二是糞便的質地。養成習慣，每周固定替狗狗量體重，而且每天都確實量出乾飼料的一日配量。（如果負責餵狗狗的人不只一位，這點就更重要。你可以把每日配量裝在密封式容器裡，避免重複餵食。）如果你家狗狗看起來太胖了，每天給的食物量就要減少或讓狗狗多做點運動。如果你家狗狗看起來太瘦了，每天給的食物量就要增加。

理想的糞便應該看起來像深棕色、濕潤、縮小版的圓木條。餵食過量或餵食乳製品通常會使糞便鬆散或腹瀉，這時得減少餵食量或把部分狗食替換成水煮白飯。如果有便祕而使糞便硬如水泥，或是糞便黏稠，表示骨頭、脂肪和肉類攝取過量。

幼犬需要少量多餐，通常一天餵三次。等狗狗四個月大，一天餵兩次就足夠。到了六個月大，你可以一天餵牠一次，也可以繼續餵牠早餐和晚餐。如果你不確定該怎麼做，請教獸醫或寵物用品店業者，這是他們的專業。

常做健康式美容

所謂的「美容」未必等於要狗狗洗美容澡、剪個可愛的造型以及像棵聖誕樹掛滿飾品，我們指的主要是有力道地刷毛和輕柔地梳毛。美容的主要目的是確保狗狗的皮膚和毛皮保持乾淨與健康，以增進二者的生命力。幫狗狗修剪造型、戴上蝴蝶結沒什麼不對，但這些裝飾性作用只是美容的次要目的。請謹記，狗狗看醫生的原因有很大一部分是看皮膚病，所以請做好你家狗狗的毛皮保健。

有力道地刷毛有助於按摩狗狗的皮膚，刺激血液供應。這樣做可以減少狗狗罹患濕疹和其他皮膚感染與發炎病症的機率。此外，經常梳毛是目前為止抑制跳蚤最好的方法，用密齒的金屬蚤梳給狗狗梳毛，不但可以刮掉跳蚤的食物，如皮屑、乾皮、死皮、死毛，還能直接一併刷出跳蚤。你可以準備一杯肥

常常確保狗狗的皮膚和毛皮保持乾淨，將有效降低皮膚病的發生率，而狗狗看醫生的原因常常就是皮膚病！

皂水淹死逮到的跳蚤，嘻嘻嘻！

美容讓你有機會檢查狗狗有沒有其他體外寄生蟲（壁蝨和蝨子）、狐尾草（一種外形尖銳帶刺的乾草種籽），以及任何割傷、瘀傷和腫包。你應該盡量做到每天至少檢查狗狗一次，我的建議是每次狗狗從屋外進來，你都大致檢查牠一番。別忘了看看狗狗的口腔、眼睛、耳朵、鼻子，也要檢查狗狗的屁股。粗略的美容有時可以為你省下大筆醫療費用，比如趁狐尾草種籽鑽進狗狗的皮膚前就先移除它。

檢查看看狗狗的牙齒或耳朵髒不髒、指甲會不會太長。經常拿濕布摩擦狗狗的牙齒來替牠清潔，保持狗狗牙齦乾淨健康很重要，否則柔軟的黃色牙垢會硬化成堅如水泥的牙結石，到時候就必須洗牙來預防牙齦炎和口臭。請給狗狗充足的啃咬玩具，我個人偏愛長骨頭和橡皮 Kong 玩具。

如果狗狗的耳朵很髒，你可以拿蘸了溫水的濕布輕輕幫牠擦乾淨。如果是耳朵長而下垂的長毛狗，你應該修剪耳朵內側的毛來增進空氣流通以及預防感染，世上最恐怖的氣味莫過於感染的狗耳朵了。如果狗狗的指甲太長，把它修短，並記得增加狗狗的運動量。

經常檢查狗狗除了能帶來顯而易見的健康好處，當你經常對狗狗又摸又弄，還有助於建立牠的信心，使牠被人擺弄時更為溫馴。此外，你自己也會對擺弄狗狗更有信心和技巧。在檢查狗狗時可以多餵牠一些零食，從一開始就讓狗狗享受被家庭成員和朋友檢查的滋味。這樣等你帶狗狗去獸醫院時，獸醫會比較輕鬆、你的支票簿會比較輕鬆、狗狗也會比較輕鬆。最讓人難過的莫過於看到生病或受傷的狗狗在被獸醫診察時變得更加緊張，但獸醫其實只是想幫牠。幫你家狗狗一個忙吧，為牠做好看醫生的準備。

常打掃，防跳蚤

除非你住在跳蚤無法生存的高海拔地區，否則你注定要投注大量時間與金錢對抗跳蚤。如果你只是努力對付狗狗身上的跳蚤，卻不控管狗狗居住環境（你家）的跳蚤，那你還得損失更多時間與金錢。不管在市區或郊區，很多跳蚤已經對極為強效的殺蟲劑產生抗藥性了。這類殺蟲劑有很多對幼犬或貓咪來說都太毒，而且家中有孕婦或幼兒時也絕對不該使用這類殺蟲劑。

事實上，跳蚤不待在狗狗身上的時間比待在狗狗身上的時間多，只有成年跳蚤才會以狗狗為家。成年跳蚤可以在未進食狀態下存活超過四個月。你才剛把狗狗身上的跳蚤消滅完，又會有更多跳蚤跳上去。母跳蚤在狗狗身上飽餐幾天後，就會開始產下數百顆蟲卵，每次你家狗狗撓癢和抖毛時，這些卵都會散布到你家和庭院各處。跳蚤卵會掉進邊邊角角、細縫夾層，幾周後，跳蚤寶寶將長大成蚤，迫不及待想回家找老媽團聚——也就是你家那隻熱乎乎、毛茸茸的狗身上。

防治跳蚤成功的關鍵在於經常打理狗狗和牠的居住環境。重申一次，打理狗狗最好的方式就是經常為牠刷毛和梳毛。打理環境目前為止最好的方式，則是經常且徹底使用吸塵器打掃，以清除蟲卵、幼蟲和成蟲。你吸完屋內之後，應該再用吸塵器吸進一些除蚤粉，殺死集塵袋裡的跳蚤。否則的話，充滿狗狗皮屑、乾皮、死皮的集塵袋，簡直就像小跳蚤的美食天堂，要不了幾天，就會有一代活潑、健壯的年輕跳蚤蜂擁而來，以絕佳的跳躍力沿著吸塵管蹦跳冒出，出發尋找熱血的、毛茸茸的美好家園。

記得在狗狗最愛休息的庭院角落撒除蚤粉或噴除蚤藥，尤其是緊鄰後門外側的區域。此外，狗狗每次進入屋內都要接受打理。你要養成習慣，每次帶狗狗散步回來都要為牠清潔。如果你家有後院，訓練狗狗每次進屋時趴在門邊的墊子上。你要經常在那塊墊子上撒藥或噴藥，這樣一來，狗狗每次進屋都會自己做預防措施。每周一次用吸塵器吸墊子或洗墊子，然後再撒或噴新的除蚤藥。

跳蚤防治很重要，因為跳蚤是條蟲的中間宿主，狗狗吃到跳蚤時就會感染條蟲。如果你家狗狗有跳蚤問題，牠很可能也需要驅蟲。大批跳蚤也可能造成貧血和各種皮膚感染和發炎症狀，包括濕疹和過敏性皮膚炎。此外，有些跳蚤也會咬人。

帶狗狗結紮

為公狗摘除睪丸、為母狗摘除卵巢及子宮能使這些動物失去生育能力，預防已經過剩的寵物數量更添一筆。老天啊，如果你沒在考慮讓狗狗配種，就馬上帶牠去結紮吧！這世界上大大小小的狗已經太多了，你只要去動物收容所或是保護動物協會瞧一瞧就知道了。每年美國的保護動物協會大約要為一千萬隻狗狗施行安樂死，也就是每年估計有百分之二十的狗狗被處死！等於每三點二秒就死一隻！而狗狗犯的唯一罪行是什麼？就是出生。

某種普遍的錯誤觀念認為，這些狗狗完全是不負責任的「繁殖場」製造出來的。錯！最大宗的來源是某些希望自家狗狗能「生一隻小狗就好」的飼主。嗯，這些「生一隻小狗就好」的總體數量非常驚人，問題大到很抽象，因為那些天文數字叫人頭昏腦脹。不過我可以幫你理解：在你讀完這個段落的時間裡，又有十五隻狗狗送命了！請替你的狗結紮吧。

如果你還是一心想讓狗狗繁殖，只要想想養大一窩小狗是多麼花錢、費時又混亂。任何有良心的犬舍主人都會告訴你，你有整整兩個月的生活和睡眠會被攪得一團亂。在讓你家公狗體驗交配的「快感」、在自作主張要你家母狗體驗生產的「樂趣」之前，你要確保這種結合的產物——小狗——能確實體驗到生命的「喜悅」！

如果你還在猶豫，可以先到保護動物協會當志工，協助執行安樂死，只要經歷一隻健康、年輕的幼犬就夠了。你會很快了解狀況。前一刻，幼犬還在你懷裡生龍活虎地扭動，充滿信賴地舔你的手，三秒之後，牠癱軟、無力、異常沉重……牠成了**死狗**！請替你的狗結紮吧。

母狗絕育手術

關於母狗絕育手術對生理上和行為上的影響，有很多教人困惑的憂慮。有些人以為絕育手術會使狗狗產生顯著性格改變，而且會讓狗狗變得又肥

已絕育的狗狗比較會玩跳繩，而且衝得更高。

又醜。絕育手術絕對不會對母狗的性格產生不良影響，倒有可能讓牠變得更容易預測、更放鬆、更順從，成為更好的狗伴侶。的確，雌性荷爾蒙對狗狗的影響是抑制食量和提升整體活動力，而絕育手術既然摘除了分泌雌性荷爾蒙的源頭，絕育後的母狗是可能吃得稍微多一點、動得稍微少一點。不過要修正這種情況也很簡單，只要帶你家母狗多做點運動或少餵牠一點食物就好了！

如果你不打算讓母狗配種，盡快帶牠做絕育手術吧，這樣可以避免將來可能要碰上的複雜且代價昂貴的生殖系統健康問題。未摘除卵巢和子宮的狗狗隨著年齡增加，會有愈來愈高的子宮蓄膿風險。現在選擇例行性的卵巢子宮摘除術既安全又價廉，勝過等狗狗老後承擔風險，做極為昂貴、緊急且有生命危險的手術。

公狗絕育手術

一般人對於帶公狗做絕育手術似乎有諸多為難，飼主在這方面的心理投射和情結勢必能讓心理學家大顯身手剖析一番。絕育手術並不會讓公狗變得懶洋洋，倒是可能讓狗狗注意飼主、更樂意取悅飼主，因為令牠分心的事物變少了。絕育手術也不會使公狗產生顯著性格改變，更不會讓狗狗變成膽小鬼。

狗狗的行為內分泌學相當獨特。儘管多數雄性哺乳動物做過絕育手術後，第二性徵似乎會隨之消滅，狗狗的雄性行為特徵卻似乎與成年荷爾蒙多寡無關。公狗會不會抬腿尿尿、嗅聞和騎乘母狗，以及比母狗來得富侵略性，全都取決於當初子宮裡的胚胎睪固酮。雄性成犬的絕育手術絕對不會直接影響尿尿姿勢、性傾向或階級地位。

不過，公狗絕育手術倒是確實能造成若干極佳的行為改變。已絕育的公狗比未絕育的公狗較少亂跑，牠們被留在家裡或庭院時較為安分，較不會出現破壞行為或試圖脫逃。已絕育的公狗仍然會用尿液標記地盤，仍然展現抬腿尿尿的雄性特徵，但頻率會減少。

最重要的是，已絕育的公狗比起有睪丸的同胞，捲入打架事件的機會要少得多。所有狗狗都有意見不合的時候，而多數狗狗選擇用打架來解決。然而，超過百分之九十的狗打架事件都發生在未絕育的公狗之間。很奇怪，絕育手術並不會使公狗降低打架的欲望，也不會降低狗狗在其他狗眼中的社會地位，反倒是降低了其他狗找你家狗狗打架的欲望。絕育手術摘除了分泌睪固酮的源頭，也就是讓公狗聞出其他狗是公狗的雄性荷爾蒙。因此，已絕育的公狗在其他公狗眼裡威脅性較低，牠們也就對你家狗狗較沒有侵略性和好鬥心。可以這麼說：絕育手術讓你家公狗在其他公狗眼裡比較不討厭。此外，如果其他狗在你家狗狗面前比較放鬆，你家狗狗也會覺得和牠們相處比較輕鬆，你也會更容易控制住牠。

感謝收看，再會啦！我們可以閃了……

YR8004X

唐拔博士的狗狗訓練完全指南

作　　者　唐拔博士（Dr. Ian Dunbar）
譯　　者　聞若婷
編　　輯　陳詠琦
版面構成　洪伊奇
封面設計　張曉君
行銷統籌　張瑞芳
行銷專員　何郁庭

總 編 輯　謝宜英
出 版 者　貓頭鷹出版
發 行 人　涂玉雲
發　　行　英屬蓋曼群島商家庭傳媒股份有限公司城邦分公司
　　　　　104 台北市中山區民生東路二段 141 號 11 樓
　　　　　劃撥帳號：19863813；戶名：書虫股份有限公司
城邦讀書花園：www.cite.com.tw　購書服務信箱：service@readingclub.com.tw
購書服務專線：02-2500-7718~9（周一至周五上午 09:30-12:00；下午 13:30-17:00）
24 小時傳真專線：02-2500-1990；25001991
香港發行所　城邦（香港）出版集團／電話：852-2508-6231 ／傳真：852-2578-9337
馬新發行所　城邦（馬新）出版集團／電話：603-9056-3833 ／傳真：603-9057-6622
印 製 廠　中原造像股份有限公司
初　　版　2013 年 1 月
二　　版　2020 年 9 月
定　　價　新台幣 420 元／港幣 140 元
ISBN 978-986-262-432-6

讀者意見信箱　owl@cph.com.tw
投稿信箱　owl.book@gmail.com
貓頭鷹臉書　facebook.com/owlpublishing

國家圖書館出版品預行編目資料

唐拔博士的狗狗訓練完全指南 / 唐拔 (Ian Dunbar)
著；聞若婷譯 . -- 二版 . -- 臺北市：貓頭鷹出版：
家庭傳媒城邦分公司發行 , 2020.09
面；　公分 .
譯自 : How to teach a new dog old tricks
ISBN 978-986-262-432-6 (平裝)

1. 犬訓練　2. 寵物飼養

437.354　　109008750